포르투갈,
시간이
머무는 곳

스페인, 포르투갈 문화&아트 투어 전문가
최경화의 포르투갈 완전 탐구

포르투갈, 시간이 머무는 곳

최경화 **지음**

모요사

들어가며

스물두 살 여름, 두근두근 떨리는 마음으로 기차표를 사고, 작은 배낭에 간단한 짐을 꾸려 걸어서 이십 분쯤 걸리는 집 근처의 기차역으로 향했다. 난 스페인 마드리드 시내의 차마르틴 기차역에서 멀지 않은 곳에 살고 있었는데, 당시만 하더라도 저가항공보다는 유레일과 인터레일이 주머니 빠듯한 유럽 대륙 여행자들의 주요 교통수단이던 때였다. 그리고 대부분의 국제선 열차는 차마르틴 역에서 출발했다.

느긋하게 기차역에 도착해 포르투갈 리스보아 행 야간열차를 기다렸다. 어느 순간, 나는 출발 시간이 다 되도록 열차가 플랫폼에 들어오지 않는데다가 남아 있는 사람도 나뿐이라는 것을 깨달았다. 좀 늦나? 하고 태연하게 기다리다가 이십 분 정도 지났을 무렵, 이건 아니다 싶어 직원에게 물어본바, 파업으로 인해 마드리드-리스보아 간 기차 운행이 중단되었으며, 대신 기차역 주차장에 리스보아까지 가는 버스를 마련해놓았다는 얘기였다. 기차표에 적힌 플랫폼 번호만 믿고 안내 방송을 주의 깊게 듣지 않은 탓이기도 하고, 다른 열차들은 수시로 드나들고 있었기 때문에 파업이라고는 생각조차 못했던 것 같기도 하다. 이제 와 돌이켜보니 그게 내가 처음 겪은 포르투갈의 대중교통 파업이었다. 포르투갈에서 산 지 몇 년 된 지금은 그 파업에도 꽤 익숙해졌다.

버스가 리스보아에 도착했을 때는 아직 하늘이 푸르스름한 이른 시간이었다. 한여름이었으니 포르투갈 시간으로 5시 반쯤이었던 것 같다. 사실 마

리스보아의 언덕을 오르내리는 노란 아센소르(푸니쿨라).

드리드-리스보아 구간은 하룻밤이 꼬박 걸릴 거리는 아닌데, 너무 이른 시간에 목적지에 도착하면 갈 곳이 없으니까 중간중간 휴게소에서 길게 쉬었던 기억이 난다. 그때의 나는 이십대 초반의 체력과 어디서나 숙면을 취할 수 있는, 모두가 부러워하는 습관을 가지고 있었다. 때문에 버스에 몸을 구겨 넣고 하룻밤을 지낸 다음에도 씩씩하게 구시가지를 찾아 걸어갔다. 그렇게 처음 마주친 리스보아의 테주Tejo 강은 바다처럼 넓었고 좁고 가파른 골목엔 노란 전차가 오르내렸다. 리스보아에 대한 나의 첫인상은 이랬다. 좁다란 골목을 등지고 나오자마자 드넓은 강이 펼쳐지는 곳.

사실 리스보아가 첫 번째 포르투갈 여행은 아니었다. 그보다 몇 달 전, 스페인 서북부 갈리시아 지방이 고향인 친구들을 따라 그들의 집을 차례로 방문하다가 투이Tuy라는 작은 도시에 묵은 적이 있다. 미뉴Minho/Miño● 강을 사이에 두고 스페인의 갈리시아 지방과 포르투갈 북부가 나뉘는데, 남과 북으로 두 나라를 잇는 '인테르나시오날 다리Ponte/Puente Internacional'를 걸어서 건너 포르투갈의 발렌사Valença라는 도시에 도착하기까지는 십오 분도 채 걸리지 않았다.

미뉴 강을 건너 다리 반대편에 이르자 개방적인 모습의 투이와는 달리 발렌사는 단단한 성곽에 둘러싸여 있었고, 오후 2시는 1시가 되었으며, 페세타peseta화는 에스쿠두escudo화가 되었다. 스페인어의 다다다다 콩알탄 터지는 것 같은 소리는 사라지고 부드러우면서도 높낮이가 도드라진 포르투갈 사람들의 콧소리가 내 주변을 감쌌다. 투이 대성당의 요새 같은 단단한 연갈색 벽 대신 중앙부는 흰색으로 칠해지고 모서리는 회색 돌로 둘러진 아담한 성당이 서 있었다.

● 포르투갈어로는 Minho, 스페인어로는 Miño라고 한다. 이 책에서 두 언어를 병기할 때 포르투갈어와 스페인어 사이에 /를 넣어 구분한다.

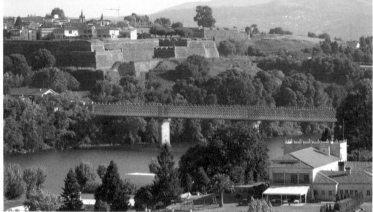

01
02

01 발렌사에서 본 미뉴 강과 인테르나시오날 다리. 다리 위 칸으로는 기차가, 아래 칸으로는 자동
    차와 사람이 다닐 수 있게 되어 있다.
02 투이에서 바라본 성벽으로 둘러싸인 도시 발렌사.

인테르나시오날 다리를 건너는 도중 한 포르투갈 할머니를 만났다. 스페인 쪽에서 장을 본 뒤 포르투갈로 돌아가는 길이라고 했는데, 강 건너편 포르투갈에 이르자 발렌사의 성곽에 대해 설명해주셨다. 스페인 군대에 맞서 포르투갈 사람들이 도시와 나라를 지키려고 얼마나 노력했는지, 얼마나 오랜 시간 동안 싸웠는지……. 그때만 해도 난 포르투갈어를 전혀 할 줄 몰랐는데, 얼추 스페인어와 비슷한 단어들이 나와서 알아듣기도 했고, 지금 생각해보면 할머니가 어느 정도 스페인어를 섞어서 이야기했을 수도 있겠다 싶다. 포르투갈어는 물론이고 포르투갈의 역사에 대해서도 문외한이던 나는 그때 처음으로 포르투갈과 스페인 사이의 전투에 대해 알게 됐다. 그리고 나중에, 한참 나중에서야 포르투갈이 스페인의 지배에서 벗어나기 위해, 혹은 스페인에 종속되지 않기 위해 여러 번 사투를 벌였다는 것도 알게 됐다. 할머니가 장 본 꾸러미를 댁 앞까지 들어다드리자, 자꾸 용돈(?)을 주시겠다고 해서 거절하느라 곤란했던 기억도 난다.

포르투갈은 작은 나라다. 면적은 남한 정도고, 인구는 천만 명가량이니 한국의 오분의 일밖에 안 된다. 게다가 유럽 대륙의 끝, 이베리아 반도의 서남쪽에 위치한 터라 여러모로 무언가의 중심지가 되기는 힘든 곳이다. 나라의 반은 스페인과, 나머지 반은 거친 대서양과 맞닿아 있다. 그러나 이 조용하지만 굳센 사람들은 그들만의 길을 개척했다. 대서양으로 나아가 바다 한가운데의 섬들을 지나 현재 브라질에 해당하는 땅에 도달했다. 어떤 사람들은 아프리카 해안을 따라 남하해 아프리카 최남단부를 돌아 나가 인도에 이르렀다.

포르투갈인들이 아프리카 해안선을 돌아 먼 미지의 땅으로 나아가기까지는 수많은 역경이 있었다. 헤아릴 수 없이 많은 배가 파손됐고 수없이 많은 포르투갈인들이 목숨을 잃었다. 그래서 포르투갈의 시인 페르난두 페소아Fernando Pessoa는 '바다는 포르투갈의 눈물'이라고 했다. 온갖 어려움을 이겨내고 아프리카 대륙의 동쪽 해안선으로 진입하는 데 성공한 뒤 '폭풍의 곶'이라고 부르던 곳은 '희망봉'이 되었다. 포르투갈인들은 인도에서 멈추지 않고 점점 더 동쪽으로 나아가 중국과 일본에까지 이르렀다. 포르투갈은 유럽의 중심이 되는 대신 세계로 나아가는 방법을 택했다. 세상의 끝, 작은 땅에 살던 사람들은 포르투갈이라는 이름으로 전 세계의 땅을 밟았다.

　마음먹고 여행을 떠난 길이든 아니면 일상 속의 여정이든, 포르투갈의 길을 가다 보면 늘 드는 생각이 있다. 이 나라가 불과 사십여 년 전까지만 해도 본국 넓이의 몇 십 배에 이르는 식민지를 가졌던 나라가 맞나? 고속도로엔 내 일행 말고는 차가 한 대도 안 보일 때도 많고, 그 옆으로 펼쳐진 벌판엔 한가로이 말 한두 마리가 풀을 뜯을 뿐, 사람 구경하기도 힘들 때가 종종 있다. 자기네 나라도 이렇게 (인구에 비해) 널찍널찍한데 왜들 그렇게 밖으로 나갔을까? 그 험한 대서양을 뚫고.
　스페인에 살면서 포르투갈을 방문하곤 했을 때, 리스보아에서 다시 마드리드로 돌아가는 길에 '아, 내가 스페인에 왔구나!' 싶을 때가 있었다. 바로 지하철에서 사람들이 왁자지껄하게 떠드는 소리를 들었을 때다. 비슷한 정도로 붐벼도 스페인보다 포르투갈은 훨씬, 확연히 조용하다. 비행기를 타고 이동할 때뿐만 아니라 육로로 국경을 넘을 때도 마찬가지다. 국경을 사이에 두고 20킬로미터 정도 떨어진 도시로 이동해도 스페인의 광장은 귀가 따가울 정도로 시끄러운 반면, 포르투갈의 거리는 차분하다. 두 나라가 이렇게 다른 나라였나? 눈에 보이지도 않는 국경 하나 사이로 왜 이렇게 사람들이 달라지는 걸까?
　스페인이나 이탈리아 사람들과는 달리 포르투갈 사람들은 영어를 꽤 잘

리스보아의 알파마 지구와 멀리 보이는 상 비센트 드 포라 성당.

한다. 영어뿐 아니라 프랑스어도 곧잘 하며 길을 묻는 스페인이나 이탈리아 관광객에게 그 나라 말로 대답해줄 정도로 외국어 구사력이 뛰어난 사람도 많다. 이 점은 포르투갈어를 배우러 오는 사람에겐 단점이기도 하다. 내가 외국인인 것을 딱 알아채곤 영어로 말을 걸거나, 혹은 나의 스페인식 억양의 포르투갈어를 재빨리 간파하고(포르투게스+에스파뇰=포르투뇰이라고 부른다) 스페인어로 대답해주기도 하기 때문이다. 같은 라틴어에서 파생된 언어를 쓰는데 왜 포르투갈 사람들은 다른 나라 사람들보다 외국어를 빨리 배우는 거지?

내가 포르투갈에 대해 궁금한 점은 이 밖에도 더 많다. 대구가 잡히는 나라도 아닌데 포르투갈의 대표 음식은 대구 요리다. 현재 세계에서 가장 유명한 축구선수와 감독은 포르투갈 사람인데 포르투갈의 축구팀에 대해 아는 한국인은 거의 없다. 나는 내가 살고 있는 나라에 대해 더 알고 싶다. 포르투갈을 스페인의 한 지방쯤으로 여기는 사람들이나, 포르투갈을 자꾸 포르투칼로 부른다거나, 포르투가 포르투갈의 줄임말인 줄 아는 친구들에게 넌지시 알려주고 싶은 얘기로 이 책을 채우고 싶다.

포르투갈

정식 명칭
포르투갈 공화국 República Portuguesa

면적
92,090㎢

인구
약 1,056만 명

수도
리스보아 Lisboa (인구 약 54만 8천 명)

종교
가톨릭

정치제도
공화제, EU 가맹국

공용어
포르투갈어

통화
유로 Euro

한국과의 시차
9시간(3월의 최종 일요일부터 10월의 최종 토요일까지 서머타임 기간에는 8시간)

아소레스 제도　　　　　마데이라 제도

발렌사

폰테 드 리마

포르투와 북부

바르셀루스　　　브라가

기마라엥스

빌라 헤알

포르투　　　　도루 강

비제우

포르투갈

아베이루

코임브라　　　중부

에스트렐라 산맥

피오당

바탈랴　　　파티마

토마르

알코바사

오비두스　　　산타렝

스페인

테주 강

마프라

신트라　　켈루스

호카 곶　　　　　리스보아

카스카이스　　알마다

리스보아와
근교

빌라 비소자

세투발

에보라

알렌테주

대서양

메르톨라

실브스　　알가르브

라구스　　　　　파루

1
포르투갈 역사 알기

포르투갈이
포르투갈이 되기 전

기원전 2세기, 로마가 아직 공화정이던 시절, 히스파니아 속주. 어두운 밤이었다. 건장한 병사 세 명이 잠들어 있는 그들의 지도자에게 발소리를 죽이며 다가갔다. 한 부족의 리더가 묵는 장소였지만 다른 이들의 숙소와 다를 바 없는 소박하고 거친 곳이었다. 비리아투스Viriátus는 언제나처럼 잠자리에 들 때도 갑옷을 입고 있었다. 셋 중의 하나가 신호를 보냈다. 두 명이 장군을 제압함과 동시에 나머지 한 명이 들고 있던 단도로 그의 목을 찔렀다. 세 차례에 걸친 포에니 전쟁을 마치고 지중해의 맹주로 떠오르던 로마의 간담을 서늘하게 했던 사내에겐 어울리지 않는 죽음이었다.

제2차 포에니 전쟁 이후 로마는 이베리아 반도, 즉 히스파니아로 세력을 확장했다. 그중 현재 포르투갈의 대부분에 해당하는 땅은 루지타니아Lusitânia라고 불렸는데, 루지타노 혹은 루조라는 부족이 산다고 해서 붙여진 이름이었다. 이 지역은 예전부터 금광과 은광이 있는 것으로 유명했다. 로마에 금, 은, 곡식 등의 무거운 세금을 내던 루지타노들은 급기야 반란을 일으켰고 로마에서 파견된 군대는 이들을 학살했다. 이후 비리아투스가 지도자로 나서 루지타니아인들을 규합해 로마와 전쟁을 시작했다. 비리아투스의 군대는 자신들보다 병사 수도 월등하고 무기도 훨씬 좋은 로마 군대에 맞서 게릴라 전술을 사용했다. 전쟁터에 나가면 군인들이 지낼 숙영지를 만들고 널찍한 벌판에서 적군과 전투를 하던 로마인의 방식과 달리 루지타니아인들은 험준한 산속에 매복해 있다가 이동하는 로마군을 공격한다

01
02

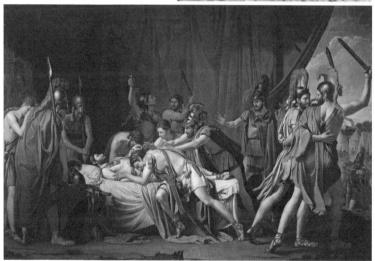

칼을 든 살해자들이 화면 오른쪽으로 걸어 나가고 숨을 거둔 비리아투스 주변에 그의 죽음을
애도하는 이들이 있다. 스페인 화가 마드라소는 이베리아 반도가 나폴레옹의 프랑스 군대에 점
령당했을 때 이들에 대항하는 사람들의 뜻을 기리기 위해 이 작품을 그렸다고 한다.

든지, 밤에 갑자기 숙영지를 습격한다든지 하는 방식으로 로마 군대를 곤경에 빠뜨렸다. 비리아투스의 기세가 얼마나 등등했던지, 로마인들은 그를 '테로르 로마눔Terror Romanum', 즉 로마의 공포라고 부를 정도였다.

몇 년에 걸친 전쟁 후에 로마와 루지타니아는 평화 협정을 맺었다. 그러나 로마의 지도부는 카리스마 있는 리더 비리아투스가 그 존재만으로도 위협적이라는 것을 깨닫고 루지타노 병사 세 명을 부, 명예 등을 약속하며 포섭했다. 자신의 지도자를 죽이고 돌아와 대가를 요구하는 이들에게 로마의 장군은 "로마는 배신자에게 보상하지 않는다"는 말로 그들을 돌려보냈다.

고대 역사가들의 묘사에 따르면 비리아투스는 현명하고 검소했으며 몸이 곧고 마른 편이었다고 한다. 훗날 '고귀한 야만인'의 모델로, 문명에 오염되지 않은 인물 중 하나로 꼽히기도 했다. 한편 20세기에 들어 포르투갈의 살라자르 독재 정부는 비리아투스를 국민 영웅으로 추앙해 포르투갈인들을 하나로 뭉치려는 의도로 이용하기도 했다. 포르투갈에서 비리아투스를 기리는 흔적은 곳곳에서 만나볼 수 있다. 포르투갈 북부의 도시 비제우Viseu가 그가 태어난 곳이라는 전설이 있다.

비리아투스의 사망 이후 루지타니아는 로마의 직접적인 영향력 아래 놓였고 로마화 과정을 거쳤다. 법, 제도, 건축, 문화, 언어 등에서 로마의 것들을 받아들였다. 물론 현재 포르투갈 북부에 해당하는 도루Douro 강 이북과 스페인 북부에 해당하는 지역까지 완전히 로마가 장악하게 된 것은 아우구스투스 시대에 이르러서다. 루지타니아, 루지타노라는 어휘는 지금도 포르투갈 곳곳에서 만나볼 수 있다. 포르투갈 혹은 포르투갈어와 관련된 어휘에서 접두사 '루조luso'가 쓰이기 때문이다.

포르투갈에서 만날 수 있는
로마 유적지

디아나 신전
Templo romano de Évora

사냥의 여신 디아나의 이름으로 불리지만 사실은 황제 아우구스투스가 신격화된 이후 그에게 바쳐진 신전이다. 신전이 있는 장소는 로마 시대의 포룸(광장)이 있던 곳이었는데 현재 포룸의 건물 중 유일하게 남아 있는 것이 이 유적이다. 신전 건물의 일부분이 파괴되기도 하고 중세 시대엔 건축재를 덧대어 에보라 성곽의 탑으로 사용했다. 14세기 이후엔 도축장으로 사용했다고 하는데, 증축된 부분을 19세기에 제거하고 최대한 원래대로 복원해 현재의 모습을 갖췄다. 에보라 구시가지는 유네스코 문화유산으로 지정되어 있다.

🏛 Largo do Conde de Vila Flor, Évora

밀레니움 BCP 은행 재단
Fundação Millennium BCP

1991년 리스보아 바이샤 지구에 위치한 은행 건물을 리모델링하던 중 고고학 유적과 유물이 발견되었다. 연구 결과, 로마 시대뿐만 아니라 2천 5백 년 전부터 로마, 중세 시대의 리스보아 흔적이 층층이 남아 있는 것으로 밝혀졌다. 특히 로마 시대의 유적으로는 1~4세기에 생선을 보관하던 곳, 소금에 절인 생선이나 생선으로 만든 소스인 가룸garum을 보관하던 암포라 등이 발견되었고 3세기에 제작된 모자이크도 남아 있다.

🏛 고고학 유적 Rua dos Correeiros 9, Lisboa
🕐 월~토 10:00~12:00, 14:00~17:00
ℹ 매 정시에 가이드투어 시작, 고고학 유적은 개별 방문 불가능
🎟 무료입장

01
02

01 로마 시대의 암포라.
02 건물 바닥의 모자이크.

로마 제국이 쇠약해진 뒤 게르만족이 유럽에 퍼져 나가던 시절, 이베리아 반도엔 수에비족, 반달족 등을 거쳐 서^西고트족이 자리 잡았다. 이들은 그리스도교를 믿고 있었고 이 지역에서 쓰던 라틴어 성서인 불가타^{vulgata}와 로마의 법제도 등을 받아들였다. 서고트 왕국은 한때 갈리아 남부와 이베리아 반도 거의 전체로 세력을 확장했으나 5세기 말에는 피레네 산맥 남쪽으로 영토가 줄었다. 수도는 톨레도^{Toledo}였다.

711년 서고트 왕국의 왕위 계승 문제로 인한 분쟁을 틈타 북아프리카의 아랍인과 베르베르인들이 지브롤터 해협을 넘어 이베리아 반도로 들어왔고, 단시간에 이베리아 반도 거의 전역을 점령했다. 이때의 이베리아 반도를 알-안달루스^{al-Andalus}라고 한다. 그리고 현재 포르투갈에 해당하는 지역을 서쪽이라는 의미의 알-가르브^{al-Gharb}라고 불렀는데, 오늘날 알가르브 Algarve 주의 지명이 여기서 유래되었다. 알-안달루스는 그리스도교인과 유대교인, 이슬람교인들이 공존하는 곳이었고 중세 서유럽의 학문과 과학의 중심지였다.

1249년에 아폰수 3세에 의해 알가르브 지역이 포르투갈 왕국에 합병될 때까지 5백 년이 넘는 세월 동안 아랍 문화는 포르투갈에 많은 영향을 끼쳤다. 높은 수준의 관개 기술을 활용해, 로마 시대에 건설되었으나 오랜 시간 동안 방치되어왔던 수로를 보수했다. 쌀과 오렌지 재배가 널리 보급되는 등 농업이 발전했다. 설탕^{açúcar}, 면^{algodão}, 오렌지^{laranja}, 레몬^{limão}, 쌀^{arroz}, 상추^{alface}, 올리브유^{azeite}, 알코올^{álcool} 등 수많은 포르투갈어 어휘와 알파마^{Alfama}, 알가르브^{Algarve} 등의 지명에 아랍어의 흔적이 남아 있다. 포르투갈의 수많은 건물들을 안팎으로 장식하고 있는 아줄레주^{azulejo}라든지 알가르브 지역에서 쉽게 볼 수 있는 희고 섬세한 굴뚝 역시 아랍 문화의 유산이다.

아랍의 영향을 받은 다양한 모양의 굴뚝.
알가르브 지역에서 쉽게 만날 수 있다.

포르투갈에서 볼 수 있는 이슬람 문화의 흔적

성벽 옆 계단을 따라 내려가면 알파마의 골목이 나오고, 계단 위의 포르타 두 솔 전망대에서는 테주 강과 알파마 전체를 내려다볼 수 있다.

무어인의 성벽
Cerca Moura, Lisboa

리스보아에 이슬람 왕국이 자리 잡고 있을 때 건설되었다고 알려져 있기 때문에 '무어인의 성벽'이라고 불리는 곳이다.

중세의 리스보아에는 상 조르즈 성Castelo de São Jorge이 있는 언덕 부분에 왕궁, 성당, 귀족들의 저택 등이 있었고 이들을 보호하는 성벽이 있었다. 리스보아 시를 방어하던 이 성벽을 세르카 벨라Cerca Velha, 즉 옛 성벽이라고 부른다. 이 성벽은 도시가 확장되면서 저절로 없어지거나 철거되기도 하면서 14세기 후반 페르난두 1세가 세운 성벽이 생길 때까지 사용되었다. 그중 이슬람 왕국 시대에 지은 성벽이 현재까지 남아 있는 곳이 세르카 모라Cerca Moura, 즉 무어인의 성벽이라고 불리는 부분이다.

2014년에 대대적인 고고학적 연구가 마무리되고, 옛 성벽의 흔적이 남아 있는 곳에 상세한 안내판이 세워졌다. 옛 성벽은 10~12세기 사이에 축조된 것이 대부분이나, 일부는 그 이전 서고트 왕국 시대 혹은 로마 시대부터 존재했다고 한다.

🏛 Rua Norberto de Araújo, Lisboa

성에서 바라본 메르톨라 성당.

메르톨라 성당
Igreja Matriz de Mértola

8세기에 무어인들이 이베리아 반도를 점령했을 때부터 이슬람 사원이 있었던 곳이다. 12세기에 새로운 사원이 건축되었는데 곧이어 포르투갈인들이 이 지역을 점령한 뒤 다른 이슬람 사원들처럼 가톨릭 성당으로 개조되었다. 포르투갈의 재정복 운동Reconquista●은 스페인보다 140년 이상 빨리 마무리되었기 때문에 포르투갈엔 스페인보다 이슬람 건축의 흔적이 덜 남아 있는 편이다. 그

● 이슬람교도들에게 정복당한 이베리아 반도의 영토를 되찾기 위한 국토 회복 운동. 8세기 초기부터 1492년까지 약 8백 년간 계속되었다.

러나 메르톨라 성당은 비교적 이슬람 건축의 모습이 잘 보존되어 있는 곳이라 할 수 있다. 최근엔 2세기의 로마 시대 유적도 발굴되었고, 과디아나 Guadiana 강을 내려다보는 풍광도 볼 만하다.

🏛 Rua da Igreja, Mértola

01
02

01 이슬람 건축에서 주로 볼 수 있는 말발굽형 아치.

02 과디아나 강 건너에서 본 메르톨라.

포르투갈,
역사에 등장하다

11세기 말, 이베리아 반도의 카스티야, 레온, 갈리시아의 왕인 용감왕 알폰소Alfonso El Bravo에겐 두 딸이 있었다. 알폰소는 차남으로 태어나 자신의 형제와 세력 다툼 후 왕위에 올랐다. 그 후 이베리아 반도 내의 이슬람 왕국뿐만 아니라 이웃한 그리스도교 왕국과도 여러 차례의 전투를 벌여 왕국을 넓혀 나갔기 때문에 '용감한 왕'이라는 별칭을 얻었다. 그러다 반도 남쪽에 자리 잡은 이슬람 왕국과의 싸움에서 위협을 느끼자 그리스도교 국가의 기사들에게 도움을 요청했다. 이때 카스티야에 도착한 이들이 부르고뉴의 젊은 기사 라이문도와 엔히크였다. 이들은 이슬람 왕국과의 전투에서 공을 세웠고, 알폰소 왕은 두 딸 우라카Urraca와 테레사Teresa를 이들과 결혼시키고 다스릴 땅을 하사했다. 그중 둘째 사위 엔히크와 테레사가 받은 영토가 포르투갈 백작령Condado de Portugal이다.

이곳은 현재 포르투갈의 북부에 해당하는 도루Douro 강과 미뉴 강 사이의 땅이었는데, 포르투갈이라는 명칭은 도루 강변에 위치한 항구 도시 포르투Porto에서 비롯되었다. 엔히크는 장인인 알폰소 왕을 도와 이슬람 왕국과 맞서 싸우기도 했지만 포르투갈 지역의 백작으로서 자신의 영지를 지켜내려는 노력도 계속해야만 했다. 당시 이베리아 반도는 여러 그리스도교 왕국과 그들의 봉신들, 이슬람 왕국 등이 혼재한 정글 같은 곳이었다.

테레사와 엔히크 사이에 아들이 태어났다. 이름은 외할아버지와 아버지 이름을 따 아폰수 엔히케스Afonso Henriques●라고 지었다. 엔히크는 아들이 세

포르투갈 건국

알폰소 6세-레온, 카스티야의 왕
1047~1109

부르고뉴의
라이문도
1070~1107
   우라카 1세
c.1078~1126

테레사
포르투갈 백작부인
c.1080~1130
   부르고뉴의 엔히크
포르투갈 백작
1066~1112

알폰소 7 세
1105~1157

아폰수 1세(아폰수 엔히게스)
포르투갈의 왕
1109~1185

숫자는 생몰연대
스페인 왕
포르투갈 왕
═결혼관계

살쯤 되었을 때 세상을 떠났고, 어린 아들이 성인이 될 때까지 테레사가 섭정으로 포르투갈 백작령을 다스렸다. 테레사는 배다른 언니인 우라카가 다스리는 카스티야의 간섭을 피하기 위해 역시 카스티야의 속령이었던 갈리시아 지방의 귀족과 힘을 합쳤다. 그 귀족은 페르난도 페레스Fernando Pérez였는데, 테레사와의 사이에서 딸을 두 명 낳을 정도로 둘 사이는 가까워졌다.

시간이 흘러 포르투갈의 아폰수 엔히케스는 성장해 청년이 되었고, 카스티야 왕국은 우라카의 아들이자 아폰수 엔히케스의 사촌인 알폰소 7세가 다스리고 있었으며, 테레사를 통해 포르투갈 백작령에 막강한 영향력을 휘두르고 있던 페르난도 페레스는 어느새 친親카스티야파가 되어 있었다. 청년 아폰수 엔히케스와 포르투갈의 귀족들은 이에 반감을 품었다. 1128년, 아폰수 엔히케스는 자신을 따르는 기사들과 힘을 합쳐 어머니 테레사와 페르난도 페레스의 군대와 싸워 승리했다. 백작령의 지도자가 된 아폰수는 1139년 무어인과의 전투에서도 승리한 뒤 스스로를 포르투갈의 왕이라고 천명했다.

포르투갈의 첫 번째 왕 아폰수 1세는 이루어나가야 할 일이 많았다. 먼저 포르투갈을 카스티야에서 확실히 분리된 독립국가로 만들고 당시 국제사회의 인정을 받는 것, 남쪽의 이슬람 왕국과 싸워 그들을 몰아내고 영토를 넓히는 것, 왕조의 힘을 굳건히 하는 것 등이었다.

1143년, 카스티야의 알폰소 7세는 아폰수를 포르투갈의 왕으로 인정했고 얼마 뒤 교황 알렉산드로스 3세가 포르투갈을 독립 왕국으로 인정했다. 남쪽의 이슬람 왕국과의 싸움에서는 1147년 산타렝Santarém에 이어 리

● 알폰소는 스페인어 식, 아폰수는 포르투갈어 식 표기이다. 포르투갈에서는 카스티야의 왕을 칭할 때도 포르투갈어 식으로 '카스텔라의 왕 아폰수'라고 부르지만, 이 책에서는 포르투갈 왕은 포르투갈어 식으로, 스페인 왕은 스페인어 식으로 표기한다. 지명 역시 현재 포르투갈인 곳은 포르투갈어로, 스페인인 곳은 스페인어로 표기한다.

스보아를 점령하는 것에서 정점을 찍었다. 다음 세기가 올 때까지 한동안 포르투갈의 남쪽 국경은 리스보아 남쪽을 흐르는 테주 강이었다. 한편 아폰수 1세는 50년이 넘는 기간 동안 왕위에 있으면서 포르투갈의 첫 번째 왕조인 보르고냐Borgonha 왕조의 입지를 다져놓았다. 또한 그는 교회 건축에 많은 공을 들였다. 자신의 정통성을 입증하고 무어인들에게서 영토를 수복해 그리스도교 세력을 넓혔다는 것, 그리고 그것을 포르투갈이 해냈음을 널리 알리기 위해서였다. 그중 중요한 곳이 알코바사 수도원이다.

알코바사 수도원
Mosteiro de Alcobaça

알코바사 수도원 정면. 건물 벽의 조각은 18세기에 추가되었지만 문 위의 장미창은 고딕 시대의 모습 그대로다.

리스보아에서 1백 킬로미터가량 북쪽에 있는 작은 도시인 알코바사. 도시의 중심을 통과하는 알코아Alcoa 강과 바사Baça 강이 합쳐져 도시의 이름이 되었다. 도시의 주인공은 산타 마리아 드 알코바사 수도원, 보통 간단히 알코바사 수도원이라고 불리는 곳이다. 이곳은 아폰수 엔히케스가 산타렘 전투에서 무어인에게 승리한 뒤 이를 기념하기 위해, 그리고 승리를 도와준 성모 마리아에게 감사를 표하기 위해 지어졌다. 물론 이 지역을 무어인에게서 점령했다는 것을 널리 알리기 위한 의도이기도 했다. 건축은 1153년에 시작되어 약 백 년 뒤에 마무리되었고 시토Citeaux 수도회가 이 수도원의 주인이 되었다.

알코바사 수도원은 포르투갈에서 처음 지어진 고딕 건축물이라고 할 수 있는데, 시토 수도회의 건축물답게 장식이 없는 간소한 형태로 지어졌다. 시토회를 설립한 클레르보의 베르나르Bernard of Clairvaux는 클뤼니Cluny 수도회가 성당 건물을 화려하게 장식하는 것에 반발해 성당과 수도원 건물 내부를 검소하고 절제된 형태로 만들 것을 주장했다. 하지만 현재 우리가 알코바사

의 광장에 도착하자마자 만나게 되는 수도원 건물 정면은 화려한 조각으로 장식되어 있는데, 이 조각들은 18세기에 추가된 부분이다. 수도원 도서관에는 포르투갈에서 가장 많은 장서가 보관되어 있었으나 1810년에 프랑스 군대가 침입했을 때 파괴되고 도난당했으며 1834년 교회 개혁법이 제정된 이후 소실되기도 했다. 남은 장서는 현재 리스보아의 국립도서관에 보관되어 있다고 한다.

🏛 Mosteiro de Alcobaça, Alcobaça

⊙ 4월~9월 9:00~19:00, 10월~3월 9:00~18:00

☾ 1월 1일, 부활절, 5월 1일, 8월 20일, 12월 25일

🎟 6유로(알코바사, 바탈랴, 토마르 수도원 통합 입장권 15유로)

www.mosteiroalcobaca.pt

01
02

01 장식을 배제한 시토 수도회 스타일의 성당 내부.

02 수도원에서는 12, 13세기 석공들이 남겨놓은 기호를 쉽게 만날 수 있다. 서명의 역할을 하던 표시다.

03

03 수도원 내부 부엌의 아줄레주. 18세기. 수도사들의 식사를 책임졌던 부엌의 벽과 거대한 오븐, 굴뚝 등은 실
용적인 아줄레주로 포장되었다. 흰색이 대부분이고 테두리에만 푸른색 장식이 그려진 것이 시토 수도회답다.

알코바사 성당 안엔 13, 14세기 포르투갈 왕과 가족들의 묘소가 있는데, 그중 특히 눈길을 끄는 것은 라틴 십자가형 교회 건물의 양 날개에 해당하는 부분에 놓인 페드루 1세와 그의 연인 이네스 드 카스트루의 무덤이다.

포르투갈의 여덟 번째 왕 페드루가 아직 왕자이던 시절, 카스티야 귀족의 딸 콘스탄사와 혼사가 이루어졌다. 포르투갈과 카스티야 왕실은 외교적인 이유로 서로 결혼하는 경우가 많았는데, 콘스탄사의 아버지는 카스티야 왕의 스승이면서 친척이기도 했다. 페드루와 콘스탄사는 리스보아의 대성당에서 결혼식을 올렸다.

그러나 페드루는 콘스탄사와 함께 포르투갈에 온 시녀 이네스 드 카스트루라는 아가씨에게 마음을 빼앗겼다. 시인들이 훗날 한 마리 학 같다고 표현한 아름다움을 지닌 여인이었다. 이네스 역시 카스티야 왕국의 귀족 가문의 딸로, 그의 아버지는 카스티야 왕의 시종장이었고 에너지 넘치고 정치적 야망이 가득한 아들들을 두고 있었다.

역시 사랑이란 감출 수 없는 것이어서, 여러 궁정 사람들은 물론 페드루의 부인 콘스탄사마저 이들의 비밀스러운 만남을 눈치챘다. 스캔들을 걱정한 아버지 아폰수 4세는 이네스를 멀리 귀양 보냈다. 그러던 중 콘스탄사가 아이를 낳은 뒤 산욕열로 그만 세상을 떠나고 말았다. 페드루에겐 이네스와 공식적인 관계를 시작할 수 있는 기회였다. 그러나 아버지와 신하들의 반대로 그들은 리스보아를 떠나 포르투갈 북부로, 그다음엔 코임브라 Coimbra로 가서 살게 되었다. 그리고 이네스와 페드루 사이엔 아들 셋, 딸 하나가 태어났다.

콘스탄사의 아들이자 훗날 페르난두 1세가 되는 아이는 할아버지, 할머니와 함께 리스보아에서 성장했다. 세간엔 카스트루 가문의 남자들, 즉 이네스의 형제들이 왕세자를 암살하려 한다는 풍문이 돌았다. 이네스의 아들이 포르투갈의 왕위를 이어받게 하려는 목적이라고 했다. 또한 두 연인이

01
02

01 이네스 드 카스트루의 무덤. 정식 왕비가 아니었음에도 왕관을 쓰고 있는 등 완벽한 왕비의 묘
　　소로 만들어졌다. 석관 밖에는 그리스도의 생애가 조각되어 있고, 위에는 왕관을 쓴 이네스의
　　모습이 조각되어 있다. 19세기 초 프랑스 군대가 포르투갈에 침입했을 때 훼손된 부분이 보인다.
02 페드루 1세의 무덤. 연인의 죽음에 대한 냉혹한 복수로 인해 페드루 1세에겐 '엄격한', 혹은 '잔
　　인한' 왕이라는 별명이 붙었다.

01 02

03

01 왕비의 관을 쓴 이네스 드 카스트루.

02 페드루 1세 석관의 세부. 절절한 사랑 이야기의 주인공이긴 하지만 실제로는 추남이었다고 한다
   (물론 외모와 사랑은 전혀 관계없지만). 칼집, 수염, 천사들의 곱슬머리와 그들이 흔들고 있는
   향로 등의 세부를 눈여겨보자.

03 페드루 1세 석관의 측면 조각. 왼쪽 아래부터 오른쪽 위로 이네스가 잡혀 참수당하는 장면과 훗
   날 이네스의 살인자가 사형당하는 장면이 차례로 등장한다.

비밀리에 결혼했다는 소문도 돌았다. 포르투갈인들은 카스트루 가문에 불안감을 느꼈고, 신하들은 왕에게 두 연인을 떨어뜨려 놓아야 한다고 종용하기 시작했다. 결국 아폰수 왕은 이네스를 처형하라는 명령을 내렸다.

세 남자가 코임브라에 있는 연인들의 집을 찾아갔다. 마침 페드루는 사냥을 하러 거처를 떠나 있었다. 그들은 여인의 목을 베었다. 전설에 따르면 이네스의 눈물이 흘러 코임브라 몬데구 강가의 폰테 다스 라그리마스Fonte das Lágrimas, 즉 '눈물의 샘'(p.306 참조)이 되었고 몬데구 강의 수초가 붉은빛을 띠게 된 것은 그녀의 피 때문이라고 한다.

이네스의 처참한 죽음에 대한 소식을 들은 페드루는 격분했다. 자신의 기사들을 모아 아버지에 대항해 반란을 일으킬 정도였다. 부자 관계를 진정시킨 이는 왕비였다. 둘은 왕비의 중재로 화해를 했지만 페드루의 마음속 분노는 사라지지 않았다.

1357년 페드루가 왕위에 올랐다. 이네스를 처형한 신하 셋은 목숨을 부지하기 위해 포르투갈 밖으로 도망쳤다. 둘은 곧 잡혔고 나머지 한 명은 프랑스 땅으로 피신하는 데 성공했다. 페드루는 살인자 두 명의 심장을 뽑아내어 처형했다. 사형집행인이 자신의 일을 하는 동안, 연인의 복수를 이룬 남자는 연회를 베풀었다. 프랑스로 도망친 이는 페드루가 죽기 직전까지 용서받지 못했다. 페드루는 알코바사 수도원에 자신과 이네스의 무덤을 만들 것을 명령했다. 이네스의 시신을 알코바사로 이장하고, 자신은 훗날 죽어서 그 옆에 나란히 묻혔다.

페드루와 이네스의 사랑 이야기는 음유시인들의 목소리로 노래가 되었고 여러 연극과 오페라에서 재연되었다. 포르투갈의 대문호 루이스 바스 드 카몽이스Luís Vaz de Camões의 서사시 『우스 루지아다스Os Lusíadas』에도 그들의 이야기가 등장한다.

포르투갈과 스페인은
형제인가, 원수인가

처음 리스보아의 번화가를 걸었을 때, 길가의 상점과 간판들, 카페, 레스토랑의 모습이 마드리드의 그것들과 상당히 유사해서 같은 나라의 먼 도시를 여행 온 느낌이었다. 어쩌면 리스보아 여행 직전에 프라하 여행을 했기 때문에, 내가 전혀 이해할 수 없었던 그곳의 알파벳들을 보다가 스페인어가 잘 통하는 곳에 와서 더 그런 인상을 받았는지도 모르겠다.

그러나 포르투갈에서 보내는 시간이 길어질수록 나는 그들 사이의 다른 점을 더 느끼고 있다. 스페인 사람들이 목소리가 크고 모르는 사람(예를 들면 나 같은 외국인)에게도 스스럼없이 말을 건다면(그것도 스페인어로만) 포르투갈 사람들은 나직하게 얘기하고 특별한 일이 없는 한 모르는 이와는 별 대화를 하지 않으며 내게는 영어로 말을 건다. 좋게 표현하자면 스페인은 활기차고 포르투갈은 점잖다. 나쁘게 표현하자면 스페인은 뻔뻔하고 포르투갈은 우울하다.

스페인 사람에게 스페인과 포르투갈 사이가 어떠냐고 물으면 십중팔구는 "좋아, 별 문제 없어"라고 대답할 것이다. 반면 포르투갈 사람에게 같은 질문을 하면 답은 좀 달라질 것이다. 포르투갈의 국경일 중 하나가 16, 17세기에 스페인에게 60년 동안 합병되었다가 독립한 독립기념일이라는 것을 상기한다면 짐작하기 쉬울 것이다.

이베리아 반도 서쪽 끝에 자리 잡은 포르투갈이 유일하게 살을 맞대고 있는 나라는 스페인이다. 게다가 두 나라는 12세기 포르투갈이 건국되기 전까지의 역사를 공유하고 있다. 포르투갈인들은 스페인어를 매우 쉽게 익힌다. 각자 나라의 신문을 바꿔 읽는다고 해도 상당 부분 어려움 없이 이해할 것이다. 의심할 여지없이 포르투갈과 스페인은 가까운 사이다. 그러나 스페인인들은 포르투갈에 여행 온다고 해서 굳이 포르투갈어를 배우거나 연습해보지 않는다. 이 지점에서 넌덜머리를 내는 포르투갈인들을 몇 명 보았다. 하다못해 고맙다는 말 정도는 포르투갈어로 해봐야 하는 것 아니냐며 말이다(반면 스페인 사람들의 반응은 "우리말을 다 알아듣던데 뭐?"이다). 포르투갈에게 스페인은 역사 이래 크고 힘센 이웃이었고 유럽 대륙으로 들어가기 위해서 거쳐야만 하는 땅이었다. 포르투갈이 유럽 내의 분쟁에 휘말리지 않고 애초부터 유럽 밖의 대서양으로 시선을 돌렸던 것도 카스티야, 즉 스페인이라는 벽에 막혀 있었기 때문인지도 모른다.

이베리아 반도의 상당 부분을 차지하고 있던 카스티야와 포르투갈의 왕가는 오랜 시간 동안 결혼으로 연결되어 있었고, 두 나라 모두 이베리아 반도 안에서 세력을 확장하고 싶어 했으므로 두 나라는 몇 차례에 걸친 분쟁을 겪게 된다.

포르투갈 VS 스페인
1회전

포르투갈의 페드루 1세(이네스 드 카스트루와의 러브 스토리 주인공)가 사망한 뒤 왕세자 페르난두가 왕위에 올랐다. 페르난두는 레오노르 텔레스 Leonor Teles라는 카스티야 쪽 혈통의 귀족과 결혼하는데, 당시 포르투갈엔 카스티야 내부 갈등으로 인해 이주해 온 카스티야 출신 귀족들이 늘어나면서 그들의 세력도 커지고 있었고, 기존의 포르투갈 귀족의 세력이 예전보

알주바호타 전투, 아비스 왕조의 시작

페드루 1세
1320~1367

콘스탄사 왕비 　 이네스 드 카스트루 　 테레사 로렌수

레오노르 텔레스 ═══ 페르난두 1세 　 주앙 드 카스트루 　 주앙 1세 ═══ 랭카스터의 필리파
　　　　　　　　1345~1383　　　　　　　　　　　1357~1433
　　　　　　　　　　　　　　　　　　　아비스 왕조 첫 번째 왕

베아트리스 ═══ 후안 1세
　　　　　　1358~1390
　　　　　　카스티야의 왕

다 줄어 있었다. 왕과 왕비 사이엔 베아트리스Beatriz라는 딸이 하나 있었고, 어느덧 왕은 쇠약해져 있었다. 누군가 페르난두 왕을 독살하려 한다는 소문도 있었다. 남자 후계자가 없는데 자신의 시간이 얼마 남지 않았다는 것을 절감한 왕은 당시 카스티야 왕 후안 1세와 조약을 맺었다. 공주 베아트리스와 후안 1세가 결혼하고, 이들의 첫째 아들이 포르투갈의 왕위에 오르되 그가 열네 살이 되기 전까지는 왕비 레오노르가 섭정한다는 내용이었다. 즉 (아직 태어나지도 않았지만) 자신의 외손자가 포르투갈의 왕위에 오르되 딸과 사위는 포르투갈 왕위에 오를 수 없다는 것이었다.

얼마 지나지 않아 페르난두 1세가 사망하고, 왕비 레오노르가 섭정을 시작했다. 그러나 포르투갈인들은 카스티야 왕이 군대를 이끌고 왕 없는 포르투갈로 들어와 왕위를 차지할지도 모른다는 불안을 품었다. 민심은 페르난두 1세의 배다른 형제, 즉 페드루와 이네스의 아들 주앙 드 카스트루João de Castro에게 기울었다. 그러나 주앙 드 카스트루는 당시 카스티야에 머물고 있었고●, 포르투갈 왕의 사망 소식을 들은 카스티야의 왕은 재빨리 자신의 라이벌이 될 수도 있는 주앙을 감금시켰다.

따라서 먼 곳에 감금되어 있는 주앙 드 카스트루보다 페드루 1세의 (또 다른) 서자이며 아비스Avis 기사단의 수장인 동명同名의 주앙이 지지를 받기 시작했다. 또한 카스티야 출신 귀족들이 궁정에서 세력을 키워간 것에 대한 포르투갈 토박이 귀족들의 반감은 레오노르 왕비의 애인이자 카스티야 출신인 안데이루Andeiro라는 남자를 살해하는 것에서 시작해 역시 카스티야 출신의 대주교를 리스보아 대성당 탑에서 떨어뜨려 죽이는 것으로 표출됐다.

1383년 겨울, 포르투갈인들이 염려했던 대로 카스티야에서 후안 1세와

● 주앙 드 카스트루는 마리아 텔레스, 즉 포르투갈 왕비 레오노르 텔레스의 여동생과 결혼했다. 배다른 형제가 한 자매와 결혼한 것이다. 그러나 주앙은 마리아가 부정을 저질렀다는 이유로 자신의 부인을 죽였고 이 때문에 카스티야로 피신을 간 상황이었다.

알주바호타 전투를 묘사한 15세기 세밀화, 영국도서관, 런던.
오른쪽이 포르투갈, 왼쪽이 카스티야 군대다.

베아트리스가 군대를 이끌고 포르투갈로 진격했다. 아비스의 주앙은 스물 일곱 살이었고, 그의 오른팔이자 얼마 뒤 혁혁한 무공을 세울 누누 알바레스 페헤이라Nuno Alvares Perreira는 스물네 살이었다. 이듬해 수도 리스보아가 카스티야 군대에 포위되었다. 육로는 물론 테주 강을 통한 물길도 카스티야 군대에 의해 막혔다. 리스보아에서 공성전이 길어지자, 보급로가 끊긴 성 안엔 식량이 떨어져갔다. 더 이상 버틸 수 없을 지경이 되었을 무렵, 갑자기 카스티야의 군대가 포위를 풀고 퇴각했다. 포르투갈을 도운 것은 카스티야 군대를 덮친 흑사병이었다. 당시 유럽엔 흑사병이 몇 차례에 걸쳐 발병했는데, 처음보다는 위세가 많이 약해지긴 했어도 여전히 카스티야군 수장들을 몇 명 죽일 정도는 되었기 때문이었다.

1385년에 포르투갈 의회는 아비스의 주앙을 왕으로 인정했다. 비슷한 시기 포르투갈의 동맹군 잉글랜드군이 포르투갈 해안에 도착했다. 8월 14일, 포르투갈과 잉글랜드 연합군과 카스티야와 프랑스 연합군이 리스보아에서 약 110킬로미터 북쪽에 위치한 알주바호타Aljubarrota 벌판에서 전투를 벌였다. 수적으로 카스티야가 훨씬 우세했지만 승리는 지형을 잘 활용하고 새로운 전술을 쓴, 누누 알바레스 페헤이라 휘하의 포르투갈군의 것이었다.

1383~1385년에 일어난 일련의 사건들은 단순히 포르투갈과 카스티야 사이에서 벌어진 전쟁이라고 부를 수도 있고, 왕위 계승 문제로 인한 왕조의 위기라고 부를 수도 있다. 한편 아비스의 주앙을 지지한 사람들이 대부분 중소 규모의 귀족이었기 때문에, 카스티야 왕을 지지했던 대귀족과 주앙을 지지한 소귀족 사이에 일어난 세력 싸움이라고 부를 수도 있다. 또는 포르투갈의 민중이 지지한 포르투갈인이 왕이 된 혁명이라고 부를 수도 있다.

알주바호타의 대승을 기반으로 해 주앙 1세는 카스티야군을 포르투갈에서 몰아내고 아비스 왕조의 막을 열었다. 포르투갈의 정체성은 다시 한번 군건해졌다. 그리고 이어진 주앙 1세와 랭카스터의 필리파Filipa de Lencastre

의 결혼은 포르투갈-잉글랜드 연맹을 다지는 결합이면서 곧이어 시작될
빛나는 시대의 서막이었다.

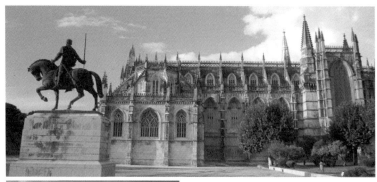

01
02

바탈랴 수도원

Mosteiro da Batalha(Mosteiro de Santa
Maria da Vitória)

주앙 1세가 알주바호타 전투에서 승리한 것을 기
리며 성모 마리아에게 감사를 표시하기 위해 지은
수도원. 원래 이름은 '승리의 성모 마리아 수도원'
이지만 '전투'라는 뜻이면서 수도원이 있는 마을
이름이기도 한 바탈랴라는 이름으로 간단히 불린
다. 알주바호타 전투 일 년 후인 1386년에 첫 돌을
놓은 뒤 백 년이 넘는 기간 동안 건축이 계속되었
으나 지금도 미완성인 부분이 남아 있다. 그러나
역설적으로 천장과 탑이 지어지다가 만 그곳이 바
탈랴 수도원에서 가장 아름다운 부분이다. 포르투
갈의 여러 성당 중 첫눈에 반했다고 해야 하나, 나
의 눈길을 가장 오랫동안 잡아둔 곳이기도 하다.

🏛 Largo Infante Dom Henrique, Batalha

☉ 4월~10월 15일 9:00~18:30 | 10월 16일~3월
9:00~18:00

🌙 1월 1일, 부활절, 5월 1일, 12월 24일, 25일

🎫 6유로(알코바사, 바탈랴, 토마르 수도원 통합 입장권
15유로)

www.mosteirobatalha.pt

01 바탈랴 수도원 성당. 알주바호타 전투를 승리로
이끈 누누 알바레스 페헤이라의 기마상.

02 성당 정면. 후기 고딕 양식의 특징인, 세밀하게 조
각된 창문과 첨탑 장식은 레이스를 달아놓은 것
처럼 섬세하다.

01

02

03

04
05

01 16세기 초, 마누엘 1세는 '불완전한 소성당'을 완성하기 위해 다시 건축가를 고용했고, 훗날 '마누엘리노'라고 불리는 양식의 섬세하면서도 화려한 아치들이 완성되었다.

02 주앙 1세의 사망 후 왕위에 오른 두아르트 1세는 왕실의 판테온을 성당 제단 뒤편에 새로 짓기 시작했으나 4년 후 왕의 죽음과 함께 공사가 중단되었다. 지붕 없는 상태로 남아 있기 때문에 '불완전한 소성당 Capela imperfeita'이라는 이름이 붙었다.

03 '불완전한 소성당' 아치의 장식 기둥들. 조각이 워낙 섬세해서 필리그라나(정교하게 만든 금속 세공장식)처럼 보일 정도다.

04 수도원 내부의 클로이스터(지붕이 덮인 회랑으로 둘러싸인 안뜰).

05 포르투갈 아비스 왕조를 시작한 주앙 1세(왼쪽)와 그의 아들이자 훗날 포르투갈의 '빛나는 세대' 중 한 명인 항해왕 엔히크 왕자(오른쪽)의 무덤.

포르투갈 VS 스페인
2회전

1578년 북아프리카 알카세르-키비르Alcácer-Quibir. 스물네 살의 왕은 자신의 군대가 속절없이 무너지는 것을 두 눈으로 보았다. 이제 그만 군기를 적군에게 넘겨주고 항복해 목숨을 건지라는 권유도 있었다. 종교적 신념과 포르투갈의 영광을 되찾으려는 열의로 가득 찬 젊은이는 이를 거절했다. 말을 타고 적군을 향해 돌격해 나가는 그의 뒷모습이 전투에서 살아남은 생존자가 전해준 포르투갈의 열여섯 번째 왕, 세바스티앙의 마지막 모습이었다.

알카세르-키비르 전투의 패배는 포르투갈 역사에서 곧 등장할 암흑기의 서막이었다. 포르투갈군의 북아프리카 원정이 실패로 돌아간 것은 물론이고 왕은 사망했으며 이후 이어진 포르투갈-스페인 합병의 단초를 제공했다. 외아들인 젊은 왕은 결혼하지 않았고 후손도 물론 남기지 않았다. 세바스티앙의 할아버지인 주앙 3세의 동생이자 추기경인 엔히크가 왕위에 올랐다. 그러나 그는 왕이 된 지 얼마 지나지 않아 세상을 떠났다. 성직자였으므로 후손도 없었다.

그다음 왕위에 오를 만한 후보자로는 브라간사 공작과 결혼한 카타리나(선왕 주앙 3세의 조카), 크라투Crato의 수도원장인 안토니우(역시 주앙 3세의 조카이나 서자 출신), 그리고 스페인의 왕 펠리페 2세(주앙 3세의 사위이자 처조카)가 있었다. 세 명 모두 마누엘 1세의 손자, 혹은 외손자였다. 1580년, 스페인의 알바 공작이 이끄는 펠리페 2세의 군대가 포르투갈로 쳐들어갔고, 안토니우가 이끄는 포르투갈군과 전투를 개시해 이번에는 별 어려움 없이 승리했다. 펠리페 2세는 토마르Tomar의 그리스도 수도원Convento de Cristo에서 포르투갈의 왕위에 올랐다. 60년 동안 지속될 포르투갈-스페인

16, 17세기 포르투갈 왕위 계승도

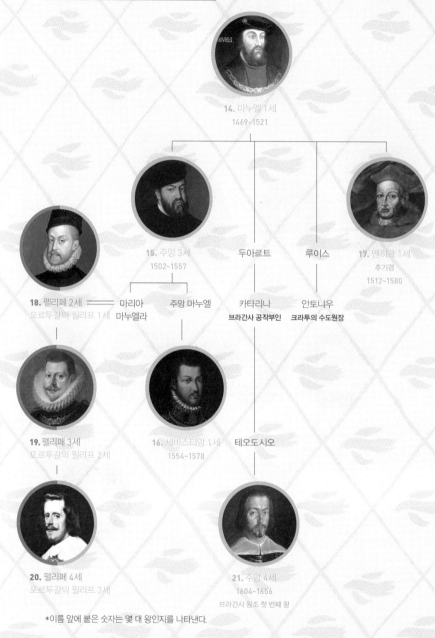

14. 마누엘 1세
1469~1521

15. 주앙 3세
1502~1557

두아르트

루이스

17. 엔히크 1세
추기경
1512~1580

18. 펠리페 2세 ══════ 마리아
포르투갈의 필리프 1세　마누엘라

주앙 마누엘

카타리나
브라간사 공작부인

안토니우
크라투의 수도원장

19. 펠리페 3세
포르투갈의 필리프 2세

16. 세바스티앙 1세
1554~1578

테오도시오

20. 펠리페 4세
포르투갈의 필리프 3세

21. 주앙 4세
1604~1656
브라간사 왕조 첫 번째 왕

*이름 앞에 붙은 숫자는 몇 대 왕인지를 나타낸다.

포르투갈과 스페인 왕족의 친족 관계

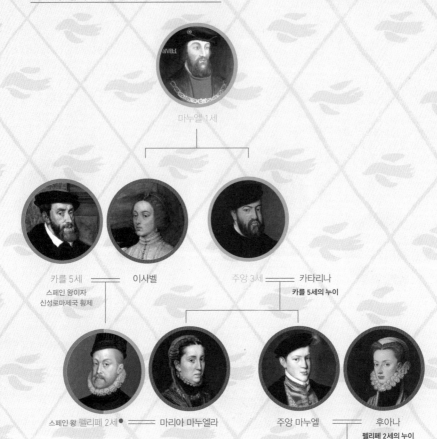

마누엘 1세

카를 5세 ══ 이사벨　　　주앙 3세 ══ 카타리나
스페인 왕이자
신성로마제국 황제　　　　　　　　　　　　카를 5세의 누이

스페인 왕 펠리페 2세● ══ 마리아 마누엘라　　주앙 마누엘 ══ 후아나
　　　　　　　　　　　　　　　　　　　　　　　펠리페 2세의 누이

세바스티앙 1세

_____

● 펠리페 2세는 주앙 3세의 처조카, 사위, 마누엘 1세의 외손자다.

합병의 시작이었다.

스페인의 펠리페 2세이자 포르투갈의 필리프 1세는 의회를 포르투갈에서만 열고, 총독으로는 포르투갈인을 임명하며, 정부의 공직자, 포르투갈 식민지에 파견될 총독과 군사 등에 모두 포르투갈인만 기용할 것을 약속했다. 기존의 화폐도 계속 유지하며 모든 공식 문서 역시 포르투갈어로만 작성될 것이라고 했다. 즉 포르투갈과 스페인은 각각 독립 왕국이되 단지 국왕만 같은 사람인 셈이었다.

그러나 포르투갈인들은 스페인 왕의 등장이 달가울 리 없었다. 아무도 죽는 것을 목격하지 못한 세바스티앙 왕이 사실은 살아 있으며, 곧 다시 나타날 것이라고 믿는 사람들이 많아졌다. 한편 세바스티앙의 시신이 북아프리카에 매장되어 있다는 소문도 있었다. 펠리페 2세는 이 시신을 포르투갈로 가져와 리스보아의 제로니무스 수도원에 안장했다. 그가 살아 돌아와 스페인 출신 왕을 몰아내고 자신들의 왕으로 돌아올 것이라는 포르투갈인들 사이의 믿음을 잠재우기 위해서였다.

펠리페 2세가 했던 약속들은 처음엔 잘 지켜지는 듯했다. 그러나 그다음 왕인 스페인의 펠리페 3세, 4세의 시대엔 이 조약이 흐지부지되어 스페인 사람이 총독으로 부임해 왔고, 당시 스페인이 유럽의 여러 나라와 벌이고 있던 전쟁 비용을 충당하기 위한 세금이 부과되기 시작했다. 게다가 흑사병을 비롯한 각종 전염병이 돌았고, 농사는 흉년이었기 때문에 1600년대 들어서 포르투갈 민심은 극도로 악화되었다. 여러 지방에서 폭동이 일어나기도 했다.

이윽고 포르투갈의 몇몇 귀족들이 비밀리에 포르투갈의 독립을 논의하기 시작했고, 1640년 11월엔 구체적인 형체를 띠었다. 브라간사 공작에게 포르투갈의 왕이 되어줄 것을 요청했고, 그가 이를 받아들인 것이다. 브라간사 공작 주앙은 1580년 펠리페 2세가 왕위에 오를 때 왕의 후보로 논의

리스보아 제로니무스 수도원에 있는 세바스티앙 왕의 무덤.

되었던 브라간사 공작부인 카타리나의 손자였다.

1640년 12월 1일 아침, 독립을 위한 결사대가 리스보아의 왕궁 앞 광장(현재 테헤이루 두 파수, 혹은 코메르시우 광장)에 하나둘씩 모이기 시작했다. 무기는 망토 밑에 감춘 채였다. 9시를 알리는 종을 신호로, 결사대는 둘로 나뉘어 왕궁으로 진입했다. 먼저 포르투갈인이면서 스페인에 적극 협조했던 미겔 드 바스콘셀루스를 붙잡았다. 그는 서류를 보관하던 장롱에 숨어 있다가 발견되었고, 총을 맞긴 했지만 아직 살아 있는 채로 왕궁의 창밖으로 던져졌다. 창밖엔 성난 리스보아의 군중이 기다리고 있었다. 그다음은 스페인 왕 펠리페 4세의 사촌이자 포르투갈 총독으로 부임해 와 있던 만토바 공작부인이었다. 공작부인은 항복 문서에 서명했고, 스페인 군인들은 무기를 빼앗기고 감금되었다.

새로운 왕 주앙 4세는 포르투갈의 독립을 천명하고, 대사들을 외국에 보냈다. 그리고 의회를 소집해 곧 이어질 스페인과의 전쟁을 준비하기 시작했다. 스페인은 당시 카탈루냐 지방의 독립운동을 저지하느라 바빴으므로 포르투갈로 대규모 군대를 보낼 여력이 없었다. 그러나 이 전쟁은 주앙 4세에 이어 다음 왕 아폰수 6세 시대인 1668년에야 끝났다. 같은 시기에 독립을 도모했던 카탈루냐는 꿈을 이루지 못했고 지금까지 스페인의 일부로 남아 있다.

01
02

01 리스보아 헤스타우라도레스 광장의 독립기념비.

02 리스보아 호시우 광장에서 본 팔라시우 다 인데펜덴시아^{Palácio da Independência}. 알마다^{Almada} 가
문의 저택으로, 독립운동을 논의한 장소다.

대항해
시대

대서양은 거칠다. 지중해처럼 따뜻하고 사람을 초대하는 바다가 아니라 절벽 밑 거친 파도로 보는 이를 위협하는 바다다. 수영은 수영장에서만 겨우 배웠을 뿐, 바다 수영은 해본 적도 없는 내게 포르투갈의 바다는 늘 두렵다. 한여름에도 물은 차갑고 물 안으로 열 발자국만 걸어가도 목까지 물에 푹 잠기며 파도는 우악스럽게 몸을 때려댄다. 호쾌한 동해보다 아기자기한 서해와 남해를 좋아하는 한국 여자는 바닷가에 갈 때마다(어쩌다 보니 꽤 자주 가게 된다) 햇빛에 몸을 두루두루 굽다가 열기를 참을 수 없을 정도가 되면 파도 끝에 조심스레 발을 담그고 마는 수준으로 바다를 느낀다. 한편 포르투갈 남녀노소는 바다와 한 몸이 된 듯 파도 속으로 뛰어들어 잠수하고 헤엄친다. 서퍼들은 파도가 거칠수록 즐거워한다. 나는 차가워서 들어갈 엄두를 못 내는 물에서 나오며 "물이 아주 딱 좋아!"라고 감탄한다. 바다 없는 포르투갈인들의 삶은 상상할 수가 없다.

1434년, 지브롤터 해협에서 약 1천7백 킬로미터 떨어진 아프리카 서쪽 해안. 돛대 하나뿐인 30톤짜리 작은 배에 탄 사람은 불과 열다섯 명이었다. 물이 소용돌이쳤고 파도는 그들을 잡아먹을 듯 덤벼들었다. 포르투갈인들은 두려웠다. 지난 십 년 동안 엔히크 왕자Infante Dom Henrique의 명령으로 훈련받은 선원과 병사들이 이곳 '공포의 곶Cabo do Medo'을 지나려고 열네 번이나 시도했으나, 모두 실패한 터였다. 암초에 걸려 난파된 배도 있었고 거친 바다를 뚫지 못해 포르투갈로 되돌아온 배도 있었다.

탐험대장 질 이아네스Gil Eanes를 힘들게 한 것은 바다뿐만이 아니었다. 당시 유럽인들은 이 공포의 곶 너머엔 펄펄 끓는 바닷물에 바다괴물이 입을 벌리고 있다고 생각했다. 제아무리 진취적이고 실용적인 사고방식을 가진 엔히크 왕자의 정예부대라고 할지라도 오랫동안 자리 잡은 공포를 없애긴 쉽지 않았다. 질 이아네스는 남쪽을 향하던 뱃머리를 서쪽으로 돌렸다. 만 하루 동안 서쪽으로 나아가자 배 뒤편으로 저 멀리 미풍이 부는 만이 보였다. 그들은 남동쪽으로 방향을 바꿔 아프리카 대륙 쪽으로 나아갔다. 그리고 그들은 처음으로 공포의 곶보다 더 멀리 남쪽 바다를 가본 유럽인이 되었다.

지금은 보자도르 곶Cabo Bojador이라고 알려진 공포의 곶 해안에서 5킬로미터 정도 떨어진 곳엔 바다가 제일 깊을 때도 수심이 2미터밖에 안 되는 지점이 있었다고 한다. 아마도 사하라 사막에서 불어오는 모래바람 때문에 생긴 물속의 언덕 같은 곳이었을 텐데, 이 때문에 물이 소용돌이치고 배가 부딪혀서 난파되는 일이 잦았다. 게다가 중세의 유럽인들은 대서양이 세계의 끝이라고 생각했고, 바로 그 세계가 끝나는 곳이 보자도르 곶 너머이며 온갖 괴물이 산다고 믿었던 것이다. 그러다 보니 당연한 이야기지만, 유럽인들은 아프리카가 이렇게 큰 대륙인지 몰랐다.

질 이아네스와 선원들을 아프리카 해안으로 탐험을 보낸 엔히크 왕자는 주앙 1세의 다섯째 아들로, 중세의 미신 따위는 믿지 않는 실용주의자였고, 미래를 내다보는 비전과 포기할 줄 모르는 인내심을 동시에 갖춘 인물이었다. 그는 스무 살이던 1415년에 아버지 주앙 1세를 설득해 북아프리카의 세우타Ceuta를 정복하기 위한 원정대를 꾸렸다. 우선 그리스도교 전파라는 종교적인 이유가 있었다. 그리고 이베리아 반도의 자발 알-타릭(현재의 지브

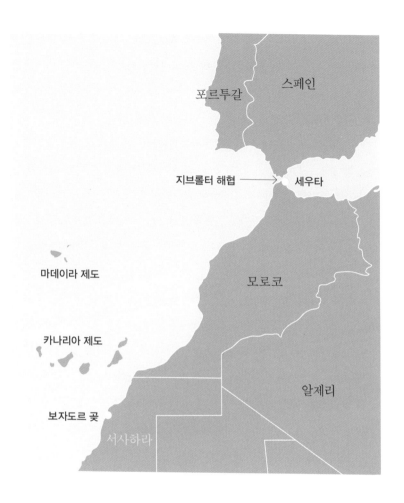

북아프리카의 세우타, 아프리카 서해안의 보자도르 곶.

롤터)은 당시 이슬람 세력에 속해 있었는데, 지중해 쪽 해안을 갖지 못한 포르투갈로서는 북아프리카의 세우타를 점령한다면 지중해로 들어가는 열쇠를 쥐는 것이나 마찬가지였다. 게다가 세우타는 북아프리카의 풍부한 밀과 동방의 진귀한 물건들이 모이는 곳이기도 했다.

엔히크 왕자의 세우타 원정은 성공적이었다. 또한 북아프리카 원정 활동으로 바다에 익숙한 부하들이 많아지면서 엔히크 왕자는 해양 활동을 적극적으로 조직했다. 알가르브Algarve 지역에 항해 학교를 세우기도 하고 항해 기술과 도구 연구에 힘썼다. 포르투갈인들이 마데이라 제도와 아소레스 제도에 도착한 이후, 엔히크 왕자는 대서양 남쪽을 탐험하는 데 총력을 기울였다. 탐험의 원동력은 종교적인 열정과 경제적인 필요성이었다. 일단 아프리카 북부에 자리 잡고 있는 이슬람 세력이 어디까지 닿아 있는지를 확인하고, 당시 전설로 전해져오던 프레스터 존*이 다스리는 그리스도교 왕국을 찾아가 그들과 힘을 합쳐 이슬람 세력과 맞서고자 했다. 혹시 기대하던 프레스터 존의 나라가 없더라도 그리스도교를 전파한다는 목적도 있었다. 물론 새로운 곳의 상품을 수입, 판매해 이익을 남기는 것도 포르투갈인들을 움직인 힘이었다. 게다가 14세기부터 페스트와 각종 전염병, 가뭄, 흉작 등으로 인구가 줄고 농업이 쇠퇴하던 포르투갈은 상당수의 사람들이 어업, 상업 등 바다에서 일거리를 찾고 있었다.

이런 상황에서 보자도르 곶 이남으로 가는 바닷길을 발견한 것은 큰 전환점이었다. 세상이 끝나지도 않았고, 바다괴물도 없었다. 포르투갈인들은 일 년에 몇 백 킬로미터씩 바닷길을 차근차근 개척해나갔다. 사금이 있는 강을 발견하고, 마데이라 제도에서 사탕수수 재배에 성공하면서 해양 사업

● '프레스터'란 성직자를 의미하고, '존'은 곧 요한을 뜻한다. 중세 유럽에 널리 퍼진 전설로, '성직자 요한'이 동방에 그리스도교 왕국을 건설했다는 것이다. 왕국은 페르시아 동쪽에서 인도에 이르는 광활한 영지를 지배하고 있고, 성직자 요한이 곧 이교도에게 빼앗긴 예루살렘을 탈환할 것이라고 믿었다.

의 수입이 점점 늘기 시작했다. 이 와중에 지중해 동쪽에서는 오스만튀르크가 콘스탄티노플을 점령했다. 이슬람 세력 때문에 유럽과 인도를 잇는 지중해 동쪽 길이 막히면서 베네치아인과 제노바인들이 수입해오던 인도산 향신료 가격이 급등했고, 인도로 가는 바닷길을 찾아야만 하는 이유가 되었다. '항해왕'이라고 불린 엔히크 왕자가 사망한 뒤에도 주앙 2세가 그의 뜻을 이어받아 인도 항로 개척에 열중했다.

1484년, 리스보아 왕궁으로 콜롬보라는 사내가 주앙 2세를 찾아왔다. 우리가 보통 라틴어 식으로 콜럼버스라고 부르는 이 남자는 제노바 출신의 상인으로서 카스티야 여왕 이사벨의 후원으로 항해해 서인도제도에 도착했다고 알려져 있다. 하지만 출신지가 어디인지, 누군가의 사주를 받았던 건 아닌지, 서쪽으로 가면 인도가 나오지 않는다는 것을 정말 몰랐는지 등 현재까지 많은 부분이 베일에 싸여 있다. 그는 먼저 주앙 2세에게 포르투갈 왕의 이름으로 인도에 갈 테니 배와 자금을 지원해달라고 청했다. 콜롬보의 계획을 들은 왕은 여러 학자와 전문가의 의견을 구한 뒤 결국 거절했다. 아마도 주앙 2세는 콜롬보가 계산한 유럽에서 인도까지의 거리를 믿지 않았을 것이다.

1487년엔 바르톨로메우 디아스Bartolomeu Dias의 배가 아프리카 남단을 돌아 인도양으로 진입했다. 그전까지는 폭풍의 곶이라고 불리던 곳이 이제는 아시아와의 교역을 열어줄 희망을 안겨주는 희망봉이 되었다. 포르투갈인들은 아프리카 해안에 거점을 세워가며 진진했다. 그 증거가 아프리카 해안에 남아 있는 포르투갈인의 표석이다. 이제 포르투갈의 배가 인도에 도착하는 것은 시간문제였다. 문제는 아프리카와 아시아에서의 소유권과 상업 활동에 대한 권리 등을 국제적으로 어떻게 인정받느냐 하는 것이었다.

01 02

01 포르투갈인들이 아프리카 해안에 세운 표석. 포르투갈의 문장과 함께 해당 지역에 대한 포르투
    갈의 소유권을 명시해놓았다.
02 토르데시야스 조약 원본, 리스보아 국립도서관.

그러던 중 1492년 콜롬보가 이사벨 여왕의 후원으로 서인도제도에 도착했다. 그러나 십여 년 전에 포르투갈과 스페인이 맺은 조약에 따르면 카나리아 제도, 즉 위도 27도보다 북쪽은 스페인이, 남쪽은 포르투갈이 항해할 권리를 갖고 있었다. 그런데 콜롬보가 도착한 땅이 카나리아 제도보다 남쪽에 있다는 것이 밝혀지면서 스페인은 두 나라 사이에 맺은 약속을 어긴 셈이 되었다.

1494년 포르투갈과 스페인은 토르데시야스Tordesillas라는 도시에서 만나 다시 협상을 했다. 카보베르데 섬에서 서쪽으로 370레구아, 즉 1,770킬로미터 되는 지점에 가상의 선을 그었다. 그리고 '이미 발견되었고, 곧 발견될 땅'에 대해 이 선의 동쪽은 포르투갈이, 서쪽은 스페인이 소유권을 가지게 된 것이다.● 이 토르데시야스 조약에 대해서 단순히 포르투갈과 스페인이 자의적으로 세계를 둘로 나누었다는 식으로 이해하기 쉽다. 포르투갈보다 스페인의 역사를 먼저 배운 나에겐 최소한 그랬다. 그러나 포르투갈 사람들은 이 역사적 사건에 대해 포르투갈이 스페인에 대해 거둔 기술적, 외교적 승리라고 여기고 있다.

지도를 보면, 토르데시야스 조약으로 그어진 가상의 선은 남미의 브라질 위를 지난다. 물론 그때 (공식적으로는) 스페인과 포르투갈은 브라질의 존재를 몰랐다. 브라질의 존재를 모른 채 그은 가상의 선 동쪽에 운 좋게도 거대한 땅덩어리가 있었고, 토르데시야스 조약대로 포르투갈인들이 이곳을 차지하게 되었던 것이다.

● 처음에 스페인이 제시한 가상의 선은 토르데시야스 조약의 선보다 동쪽에 위치했다. 그러나 당시 자신의 왕위 계승이 문제가 될 수도 있는 상황에 놓여 있었던 이사벨 여왕은 포르투갈을 강하게 밀어붙일 수 없었던 것 같다. 카스티야 왕위를 놓고 자신의 경쟁자가 된 선왕의 딸이자 자신의 조카인 후아나 라 벨트라네하가 주앙 2세의 아버지 아폰수 5세와 결혼했고, 아폰수가 죽은 뒤엔 포르투갈에 머물고 있었기 때문이다.

01 왼쪽 선이 토르데시야스 조약에서 결정된 선이고, 오른쪽 선이 처
   음에 스페인이 제시했던 선이다.
02 1580년 전까지 보라색이 포르투갈, 주황색이 스페인의 영향하에
   있었던 곳이다.

01
02

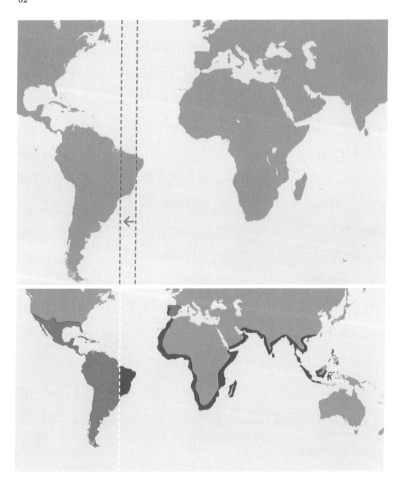

그러나 이에 대해 포르투갈의 많은 역사가들은 주앙 2세를 비롯한 전문가들이 토르데시야스 조약 당시 이미 브라질의 존재를 알고 있었다고 추측한다. 그 이유 중 하나가, 희망봉에 도달해 인도양으로 접어든 것이 1487년이고, 바스쿠 다 가마Vasco da Gama가 인도에 도착한 것이 1498년인데, 그 간격이 너무 길다는 것이다. 이때 포르투갈인의 항해술은 최고조에 달해 있었고, 이미 아프리카 해안의 바닷길을 잘 알고 있었다. 아프리카 남부에서 포르투갈로 귀환하려면 해류 때문에 왔던 길로 그대로는 못 돌아가고, 훨씬 서쪽으로 나아간 다음에 적도를 지나 동북쪽으로 방향을 틀어야 한다. 이러한 과정에서 포르투갈인이 대서양 남서쪽 바다에 있는 새로운 땅의 존재를 눈치채고, 비밀리에 탐험대를 보냈을 것이라는 주장이다. 그러나 이런 주장을 뒷받침할 문서는 아직 발견되지 않았다. 당시 해양 탐험, 유럽식으로 말하자면 신대륙 발견의 시대는 자국의 이익과 관련된 새로운 정보가 쏟아지던 때이고, 상당수의 정보가 비밀리에 관리되었다는 점을 염두에 두자.

포르투갈이 토르데시야스 조약 전에 브라질의 존재를 알고 있었다고 추측하는 이유는 이뿐만이 아니다. 콜롬보가 카스티야 여왕에게 가기 전 포르투갈 왕에게 찾아가 인도로 가겠다며 지원을 요청했을 때, 주앙 2세는 해양학자들과 상의한 후 그의 제의를 거절했다. 포르투갈인들은 아프리카 해안을 거쳐 인도로 가는 길을 상당 부분 개척해놓은 상태이기도 했거니와 유럽과 인도 사이의 대서양에는 다른 땅이 존재한다는 것을 알고 있었다는 추측을 할 수 있다. 또한 콜롬보에게 두 번째 항해를 지시하며 카스티야 여왕이 쓴 편지에, 포르투갈 대사가 카보베르데에서 370레구아 안에 새로운 섬 혹은 육지가 있다고 생각하는 것 같다는 내용이 있기도 하다. 물론 포르투갈이 브라질의 존재를 전혀 모르고 있다가 바다에서 길을 잃어 우연히 도착했을 수도 있다. 그렇다면 포르투갈인들이 토르데시야스 조약에서 가상의 선을 가능한 한 서쪽으로 그으려고 한 이유는 아프리카에서 포르투갈로 돌아오기 위해서는 남대서양의 서쪽을 최대한 확보해야 했기 때문일 것이다.

진실이 어떻든 간에 공식적으로 포르투갈 배가 브라질에 도착한 것은 1500년이었다. 페드루 알바레스 카브랄Pedro Álvares Cabral이 이끄는 13척의 배였다. 한편 마누엘 1세의 지시로 1497년 리스보아 벨렝에서 출발한 바스쿠 다 가마의 배들은 이듬해 인도 서해안에 도착했고 1499년에 리스보아로 복귀했다. 포르투갈은 1510년엔 인도의 고아Goa, 이듬해엔 말라카(현재 말레이시아), 1513년엔 남중국으로 진출해 마카오에서 영향력을 행사했다. 그리고 1543년 일본의 항구에 도달해 교역을 시작했다.

브라질, 아프리카 해안, 페르시아 만, 홍해, 인도, 남아시아, 일본 등에 상업 거점을 세우고 군사적으로도 세력을 확장한 포르투갈은 16세기 향신료 무역을 독점하다시피 했다. 수도 리스보아는 유럽에서 가장 활발하게 상업 활동이 이루어진 곳이었으며 테주 강엔 매년 2천 척 이상의 배가 드나들었다. 화려한 마누엘리노 양식으로 지어진 성당과 저택들이 즐비하고, 유럽의 다른 지역에서는 찾아보기 힘든 아프리카와 아시아의 보물이 가득했던 곳이기도 했다. 포르투갈은 유럽 대륙 서쪽 구석의 작은 나라에서 아메리카, 아프리카, 아시아에 식민지를 둔 제국으로 변모했다.

15, 16세기의 포르투갈은 인구가 백만 명에 불과한 작은 나라였다. 아프리카의 해안을 따라 상업 거점을 마련해 정착했으나 내륙으로까지 진출할 만한 인구는 부족했다. 이런 와중에 브라질, 즉 유럽 대륙만 한 거대한 땅을 발견했으니, 그리고 그곳엔 농사짓기에 좋은 기후와 토양이 있고 얼마 지나지 않아 금광까지 발견되었으니 어떻게 할 것인가? 포르투갈의 해답은 노예였다. 잡혀 온 아프리카인들은 아프리카 라고스Lagos(현재 나이지리아의 도시)나 세우타의 노예시장에서 판매되거나 브라질로 팔려갔다. 노예무역

01 02

01 리스보아 테주 강 연안에 설치되어 있는 대항해 시대를 기념하는 발견 기념비^{Padrão dos}
   Descobrimentos.

02 가장 오른쪽 선미에 선 인물이 항해왕 엔히크이며, 그 뒤에 칼을 쥐고 무릎을 꿇은 이가 아폰수
   5세, 바로 그 뒤의 인물이 바스쿠 다 가마이다.

이 존재하는 동안 포르투갈이 아프리카에서 남미로 잡아간 아프리카인은 최소 4백만 명이라고 한다. 한편 포르투갈의 노예제도와 무역은 18세기 중반부터 부분적으로 금지되기 시작해 19세기엔 완전히 폐지되었다.

본국의 크기보다 백 배가 훨씬 넘는 넓이의 식민지를 거느리고 있던 포르투갈 제국은 1822년 브라질이 독립하면서 무너지기 시작했다. 1961년엔 고아가 인도에 귀속되고, 아프리카의 식민지들은 1974년에서 1976년 사이에 모두 독립한다. 동티모르 역시 1975년에 독립하고 마지막으로 마카오가 1999년에 중국으로 귀속되면서 포르투갈 제국의 역사는 막을 내렸다. 그러나 제국이 사라진 뒤에 메아리처럼 남아 있는 것이 포르투갈어 세계이다. 현재 포르투갈어는 세계 아홉 나라*에서 공식 언어로 지정되어 있고 사용 인구는 2억 5천만 명 이상이다.

15세기의 포르투갈은 지중해 중심의 중세 유럽을 대서양 중심의 유럽으로 바꿔놓았다. 천연자원은 부족하고 토양은 척박한 곳이었지만 사람들만은 당시 어느 유럽 국가보다 진취적이었다. 16세기 중반까지 포르투갈의 배는 유럽에서 가장 빠르고 컸다. 항해왕 엔히크 왕자는 비록 자신은 모로코보다 멀리 나간 적이 없었지만 항해에 필요한 과학기술을 수집해 연구했고 수많은 탐험대를 대서양으로 내보냈다. 그가 일구어낸 탐험의 결과로, 테주 강을 따라 출발한 포르투갈인들은 대서양으로 나아가 결정적인 좌회전을 감행했다. 유럽을 떠나 아프리카, 아메리카, 아시아를 누볐던 포르투갈은 세계화를 가장 먼저 실천한 나라였다. 평평했던 지구가 드디어 3D 세계가 된 것이다.

● 포르투갈, 브라질, 앙골라, 모잠비크, 상토메프린시페, 카보베르데, 기네비사우, 적도 기니, 동티모르.

01

제로니무스 수도원

Mosteiro dos Jerónimos(Mosteiro de Santa Maria de Belém)

바스쿠 다 가마가 인도에서 돌아온 뒤에 마누엘 1세의 지시로 테주 강변, 리스보아의 입구인 벨렝 Belém에 건축된 수도원. 인도 항로 개척으로 시작된 향신료 무역의 수입 중 일부가 수도원 건축의 자금이 되었다. 공식적인 명칭은 벨렘의 마리아 수도원이지만, 이 수도원을 제로니무스 수도회에서 사용했기 때문에 보통 제로니무스 수도원이라고 부른다. 리스보아에서 볼 수 있는 가장 큰 규모의 마누엘리노 양식 건축물이며, 마누엘 1세, 바스쿠 다 가마, 16세기 시인 루이스 드 카몽이스, 20세기 시인 페르난두 페소아 등의 무덤이 있는 곳이다. 1834년 교회 재산이 국유화될 때까지 제로니무스 수도회에서 사용했다.

🏛 Praça do Império, Lisboa

🕘 9:30~18:00

🚫 매주 월요일, 1월 1일, 부활절, 5월 1일, 12월 25일

💶 10유로

www.patrimoniocultural.gov.pt

01 마누엘리노 양식으로 장식된 제로니무스 수도원의 남쪽 정문.
02 제로니무스 수도원과 성당.

02

01

02　03

01　클로이스터. 마누엘리노 양식의 기둥과 아치.

02　바스쿠 다 가마의 무덤. 석관 역시 마누엘리노 양식으로 장식되어 있고, 대항해 시절 포르투갈을 상징하는 여러 모티프가 보인다. 석관 부조 장식 중 왼쪽의 십자가는 그리스도 기사단의 십자가이고, 가운데는 '카라벨라'라는 15, 16세기 포르투갈의 배. 오른쪽은 선원들이 바다에서 길을 찾을 때 사용하던 천문 관측기구인 혼천의이다.

03　제로니무스 수도원 성당의 내부.

벨렝 탑
Torre de Belém

주앙 2세가 봐둔 테주 강변 자리에 훗날 마누엘 1세 시대에 건설된 요새이자 탑. 이 시기는 대포 같은 무기가 발달하면서 방어용 요새의 형태도 변해갔는데, (예전의 성곽 형태에서) 중세식 탑에 보루가 합쳐진 형태로 건설되었다. 16세기에 완공되었을 때는 사면이 물에 잠겨 있었으나 현재는 상당 부분이 모래에 닿아 있다. 포르투갈 문장, 그리스도 기사단의 십자가 등 포르투갈이라는 국가의 상징물이 가득해서 이 나라가 한창 역동적이던 때의 모습이 저절로 떠오른다. 보루의 바깥 부분엔 코뿔소 조각 장식이 있는데, 이 녀석이 16세기의 가장 유명한 코뿔소였을 것이다.

🏛 Torre de Belém, Lisboa

🕐 9:30~18:00

🌙 매주 월요일, 1월 1일, 부활절, 5월 1일, 6월 13일, 12월 25일

🎫 6유로

www.patrimoniocultural.gov.pt

01
02

03

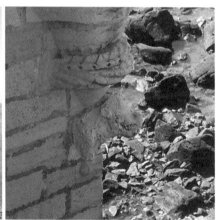

01 테주 강변, 벨렝 탑.
02 탑 중앙의 포르투갈 문장, 난간에 장식된 그리스도 기사단 십자가가 보인다.
03 벨렝 탑의 코뿔소 조각.

1514년, 인도의 고아 지역 총독인 아폰수 드 알부케르크는 디우Diu라는 곳에 요새를 세우고자, 본국의 마누엘 왕에게 디우가 속한 캄베이 왕국에 사신을 보내달라고 요청했다. 곧 포르투갈의 사신이 선물과 함께 캄베이의 왕을 찾아갔다. 왕은 요새 건설은 허락하지 않았으나 사신에게 받은 선물도 있고 하니, 답례 선물로 코뿔소를 한 마리 증정했다. 고아 총독은 이 선물을 리스보아로 보냈고, 마누엘 왕은 고향을 떠난 이 가련한 동물을 왕궁 뜰에 두었다. 코뿔소는 곧 세간의 화제가 되었다. 3세기 이후로 살아 있는 코뿔소가 유럽 땅에 등장한 것이 처음이기 때문이었다. 마누엘 1세는 코뿔소와 코끼리가 서로 앙숙이라는 고대 로마 역사가의 글을 떠올리고는 여러 귀족들을 불러놓고 두 동물을 만나게 했다. 일종의 서커스를 볼 수 있을 것이라는 부푼 기대감과는 달리, 예민해진 코끼리는 코뿔소를 보자마자 도망치고 말았다.

마침 마누엘 1세는 아시아로 포르투갈 배와 사람들이 진출하는 것에 대해 교황의 지지를 얻기 위한 사절을 준비 중이었다. 코뿔소는 교황에게 바치는 선물로 이탈리아 반도로 가는 배에 태워졌다. 그러나 이 배는 그만 제노바 근처의 바다에서 풍랑을 만나 파선되었고, 헤엄을 칠 줄 알았음에도 밧줄에 꽁꽁 묶여 있었기 때문에 코뿔소는 물에 빠져 죽고 말았다. 왕은 아무 일 없었던 듯 짐승을 박제해서 교황에게 선물로 보냈다.

코뿔소는 비참하게 죽었지만 훗날 벨렝 탑에 그 모습을 남겼다. 알코바사 수도원에도 이 코뿔소가 등장한다. 독일의 화가 알브레히트 뒤러는 한 번도 이 짐승을 본 적이 없었지만 포르투갈 상인에게서 코뿔소에 대한 스케치와 이야기를 전해 듣고 목판화를 남겼다.

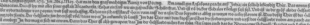

01
02

01 코뿔소 모양 가고일 gargoyle(지붕 홈통에 붙인 낙숫물받이), 알코바사 수도원.

02 알브레히트 뒤러, 〈코뿔소〉, 목판화, 1515년, 영국박물관, 런던.

모든 것을 폐허로 만든
대지진을 극복한 사람들

1755년 11월 1일 토요일. 여느 해보다 길고 건조했던 여름의 기운이 아직도 사그라지지 않은 가을 아침이었다. 하늘은 맑고 공기는 깨끗했다. '모든 성인들의 날'. 성 안토니오나 성 요한처럼 굵직굵직한 성인들 외에도 잘 알려지지 않은 모든 성인들을 기리는 날이었다. 이 무렵엔 포르투갈의 축축한 겨울을 알리듯 비가 흩뿌릴 때가 많지만 이날 하늘엔 구름 한 점 없었다. 귀족들은 한 해의 마지막 햇살을 즐기기 위해 리스보아 시외의 별장으로 떠났고, 리스보아의 시민들은 미사를 보기 위해 가까운 성당에 모였다.

오전 9시 반, 쿠르릉 하는 소리가 땅속에서부터 들려왔다. 마치 성난 사람이 마차를 거칠게 모는 것 같은 소리였다. 잠시 후 리스보아 전체가 흔들렸다. 잠깐 고요해지나 싶더니 첫 번째보다 더욱 거센 진동이 이어졌다. 대부분 3, 4층짜리였던 리스보아의 건물들이 폭음과 함께 무너졌다. 짧은 휴지기가 지나고, 영원할 것만 같은 여진이 이어졌다. 강력한 지진은 총 세 번에 걸쳐 9분 동안 계속됐다. 당시 유럽에서 가장 부유한 도시 중 하나가 무너지고, 리스보아 사람들에겐 그들의 세계가 내려앉는 9분이었다.

오전 11시경, 지진이 일어난 지 90분 후에 해일이 테주 강을 거슬러 올라와 도시를 덮쳤다. 테주 강변에 정박해 있던 수많은 배들이 파도에 휩쓸렸다. 당시 쓰나미의 여파는 리스보아뿐만 아니라 핀란드, 대서양의 마데이라와 아소레스 제도, 바베이도스 섬에서도 감지되었다. 스페인 세비야의 과달키비르 강도 수위가 높아졌다.

01

02

01 자크 필립 르 바Jacques Philippe Le Bas, 지진 후의 리스보아 대성당, 1757년, 영국박물관.

02 파울 에마누엘 리흐터Paul Emanuel Richter, 지진 전 리스보아(위), 건물이 무너지는 리스보아(오른쪽 아래), 지진 이후 폐허가 된 리스보아(왼쪽 아래), 1756년, 영국박물관.

지진과 쓰나미에 살아남은 목재 건물들은 화재로 잿더미가 되었다. 모든 성인의 날이었기 때문에 성당마다 켜놓은 촛불들도 사태를 악화시켰다. 리스보아는 닷새 동안 불탔다. 도시 인구의 삼분의 일이 지진, 쓰나미, 화재로 사망했고 건물의 85퍼센트가 파괴되었다. 테주 강변의 왕궁이 무너졌고 왕궁 내의 도서관에 소장된 수많은 장서와 루벤스, 카라바조, 티치아노 등의 회화 작품들도 소실되었다. 불과 지진 7개월 전에 완공한 오페라 극장을 비롯해 교회와 수도원, 병원, 감옥 등이 파괴되었다. 현재의 학자들이 추정하기로, 당시의 지진 강도는 리히터 규모 8.5~9.5 정도였을 것이라고 한다.

모든 성인을 기리는 날에 일어난 참사는 당연히 종교적인 의문을 불러일으켰다. 지진이 왜 일어났는지, 과연 신의 분노였는지 신학자들은 질문했다. 당시의 왕 주제 1세는 마침 리스보아 밖에 있어서 화를 면했다. 그러나 이후 20년 동안 왕은 리스보아로 돌아가지 않았고 근교 아주다Ajuda에 목재로 된 궁을 짓고 살았다.

왕의 오른팔이자 수상에 해당하는 직위에 있던 폼발 후작Marquês de Pombal은 "이제 어떻게 할까요?"라는 망연자실한 질문에 "죽은 자는 묻고 산 자는 보살펴라"고 대답하고는 건축가, 엔지니어, 과학자 등을 동원해 포르투갈의 수도를 재건하는 데 앞장선다. 특히 피해가 심했던 바이샤 지역을 중심으로 길을 새로 닦고, 집과 교회 등을 새로운 도시 계획하에 다시 건설했다. 때문에 이 지역을 '바이샤 폼발리나', 즉 폼발 후작의 바이샤 지역이라고도 부른다. 이 시기에 재건된 건축물들은 '가이올라'라는 방식으로 지어졌는데, 지진이 일어나도 건물이 무너지지 않도록 내진 설계된 구조였다. 가이올라는 포르투갈어로 '새장'이라는 뜻이다.

또한 리스보아의 교구마다 조사관들을 보내 진동이 얼마나 길었는지, 몇

01
02

01 재구성한 가이올라 구조. 목조 구조물을 만든 뒤 그 사이를 돌로 채워 넣는 방식으로 지었다.
02 가이올라 구조가 남아 있는 카페, 리스보아.

번 반복되었는지, 어떤 피해를 입었는지, 지진이 일어나기 전 특이할 만한 점은 없었는지, 동물들의 행동이 변하진 않았는지, 우물엔 어떤 변화가 일어났는지 등을 조사했다. 당시엔 천재지변을 인간의 죄를 벌하기 위해 하느님이 내린 벌이라고 여기는 사람들이 많았다. 지진이 일어난 후, 리스보아 사람들이 무너진 건물 더미 옆에 무릎을 꿇고 자신이 지은 죄를 큰 소리로 외쳐대며 신의 용서를 구하는 장면과 마주치는 것은 그리 어려운 일이 아니었다. 그러나 18세기 유럽에서는 산업혁명이 일어나고 계몽주의가 대두되고 있었다. 철학자들은 리스보아의 대참사에서 살아남은 자와 죽은 자 사이의 임의성을 두고 악의 존재 역시 신의 섭리라는 기존의 그리스도교 사상에 반박했다. 지진을 신이 내린 형벌이 아니라 과학적인 시선으로 보기 시작한 것이다. 이런 관점에서 볼 때 폼발 후작의 재난 대처 방식은 이성적이면서 실용적이었다.

포르투갈 정계도 격변했다. 폼발 후작이 자연스럽게 권력의 많은 부분을 쥐게 되면서 그에 대한 귀족들의 경계는 커졌지만 왕 중심의 전제주의는 공고해졌다. 당시 리스보아는 브라질, 아프리카, 대서양, 아시아에 걸친 포르투갈 제국의 수도였으나, 국가의 힘이 수도 복원에 동원되면서 자연스럽게 식민지 활동에 대한 야망은 주춤할 수밖에 없었다.

엄중했던 신이 베푼 기적이었는지, 사망자들을 빨리 매장하도록 힘쓴 덕분이었는지, 지진과 해일 이후에 일어나곤 하는 전염병은 돌지 않았다. 지진이 일어나기 7년 전에 완공한 리스보아의 거대한 수도교水道橋는 지진에도 끄떡없었다. 사람들이 굶주림에 시달리지도 않았다. 집을 잃은 리스보아 사람들은 무너지지 않은 수도원과 교회에서 살면서 다시 살 곳을 짓기 시작했다.

리스보아의 수도교.

01 02

01 리스보아의 바이샤 폼발리나. 지진 이전의 모습과는 달리 직사각형 블록으로 구획되어 있다.
02 1755년 대지진 때 무너진 카르무 수도원 성당. 현재 고고학 박물관으로 사용되고 있다.

18세기 후반, 주제 1세의 죽음과 폼발 후작의 퇴진으로 리스보아 재건은 초기의 계획보다 축소되었다. 그러나 리스보아 사람들은 나름대로 자신의 터전을 일구었다. 좁고 구불구불한 골목길로 유명한 알파마 지역은 기존의 길과 건물이 있던 형태를 유지하며 복구되었다. 지금 우리가 만나는 리스보아는 부상을 입은 뒤 고통을 이겨내고 새살이 돋아 잘 아문 흉터를 가진 사람 같다. 매끈한 피부는 아름답겠지만 상처의 흔적이 남은 흉터는 그의 이야기를 소리 없이 전해준다.

4월 25일
포르투갈의 봄, 자유의 날

1974년 4월 25일이 바로 결전의 날이었다. 24일 밤 10시 55분, 거사 일을 1시간 5분 앞두고, 라디오에서 파울루 드 카르발류Paulo de Carvalho의 〈그리고 작별 뒤에는E Depois do Adeus〉이라는 노래가 흘러나왔고, 이 음악을 신호로 포르투갈군의 젊은 장교들은 침대에서 빠져나와 움직이기 시작했다. 아직도 밤엔 따뜻한 침대가 그리운 날씨였다. 임시본부에 모여 있던 장교들은 포르투갈 전국의 군부대 장교들과 연락할 준비를 갖췄다. 자정이 지난 후, 제카 아폰수Zeca Afonso의 노래 〈그란돌라, 황갈색 마을Grândola, Vila Morena〉이 전파를 탔다. 공산주의를 연상시킨다는 이유로 라디오 방송에서 금지된 곡이었다. 이 두 번째 신호를 듣고 장교들은 잠들어 있는 사병들을 깨워 연병장에 집합시켰다. 지난 사십여 년 동안 누리지 못한 자유와 민주주의를 쟁취하기 위한, 그리고 소모적인 전쟁을 중단하기 위한 혁명의 시작이었다.

안토니우 드 올리베이라 살라자르António de Oliveira Salazar의 독재는 1933년 개헌과 함께 시작되었다. 일명 '신국가Estado Novo'라고 불린 체제하에서 그는 무소불위의 권력을 휘두르고 있었다. 살라자르 정부는 입법권과 행정권을 모두 장악하고 있었고, 살라자르 총리에게 거의 모든 권력이 집중되어 있었다. 이 체제는 보수적이고 권위적이었으며 가톨릭과 전통을 중요시했다. 신, 국가, 가족이 가장 중요한 가치였다. 정당 활동, 자유로운 언론이나 노조 활동 등이 불가능했으며 제복을 입지 않은 비밀경찰이 활동하기도 했다. 주변의 누구나 악명 높다는 그 비밀경찰일 수 있었다. 언론은 통제되었고 출판은 검열되었다. 이들은 국민의 눈과 귀를 막기 위해 포르투갈의 근대화를 막았다.

제2차 세계대전에 참전하지 않은 포르투갈은 연합국이나 동맹국에 모두 수출을 하기도 하고 중립국으로서 얼마간 경제적 이득을 맛보기도 했다. 그리고 전쟁 이후엔 부분적인 경제 개방을 통해 국민소득이 다소 증가하긴 했으나 여전히 포르투갈은 농촌경제 중심이었고 다른 유럽 국가에 비해 국민소득도 낮았다. 포르투갈 내륙 지방엔 가난으로 인해 프랑스나 독일, 캐나다, 미국 등으로 이민을 가는 사람들도 많았다.

한편 1822년에 브라질이 독립하긴 했어도 포르투갈은 앙골라와 모잠비크를 비롯한 아프리카의 여러 나라들과 인도의 고아, 아시아의 마카오와 티모르 등에 식민지 정책을 고수하고 있었다. '미뉴에서 티모르까지'라는 모토 아래 제국 포르투갈의 위상이 중요한 때였다. 그러나 1961년 고아가 인도로 귀속되고, 아프리카 식민지에서 독립전쟁이 시작되었다. 마침 이 시기는 과거 유럽의 식민지였던 아프리카 국가들이 하나둘씩 독립해나가던 시기이기도 했다. 그러나 포르투갈은 식민지에서 전쟁을 계속했고, 이로 인한 경제적, 인적 손실이 매우 컸다.

따라서 1960년대 이후엔 자유와 민주주의를 위한 운동이 대두되었고 아프리카에서의 전쟁을 원치 않는 시민들의 목소리도 커졌으나 이는 검열, 감금, 고문 등으로 제압되었다. 포르투갈 국민들은 억압적인 사회와 식민지 전쟁, 경제 악화에 점점 지쳐갔다. 그러던 와중에 1968년 살라자르가 건강상의 문제로 퇴임하고(1970년에 사망) 마르셀루 카에타누Marcelo Caetano가 정부의 리더가 되었다. 지도자는 바뀌었지만 신국가 체제는 계속되었다. 당시 포르투갈은 다른 세계와는 단절된 상태였다.

01 03
02 04

01 카네이션 혁명 이전 언론 검열의 흔적.
02 1974년 4월 26일 체포되는 PIDE(독재정부의 비밀경찰) 요원.
03 독재 정권이 무고한 시민들을 가두었던 알주브Aljube 감옥.
04 카네이션 혁명 직후의 신문. 국민은 더 이상 두려워하지 않는다는 기사 제목.

05
06

05 1974년 4월 25일의 상징이 된 카네이션과 그날의 자료 사진들이 빼곡한 전시장. 왼쪽 사진에는
1974년 4월 25일 리스보아의 카르무 광장, 코메르시우 광장이 보인다 .
06 리스보아의 가렛Garrett 거리. 호기심 가득한 얼굴로 병사들을 바라보는 어린이들의 모습에서 당
시의 상황이 짐작된다. 팽팽한 분위기이면서도 폭력적이지 않았던 혁명의 날.

포르투갈 젊은 장교들의 모임은 1973년 여름에 시작되었다. 이들이 원하는 것은 민주주의, 자유, 식민지 전쟁 종료, 그리고 포르투갈의 발전이었다. 이들은 방송국의 저널리스트들과 협력해 혁명의 신호를 라디오 방송으로 알렸다. 장교들의 지휘하에 공항, 여러 방송국, 군사 시설 등이 점령되었다. 라디오는 혁명의 소식을 전국으로 알렸다. 이윽고 살게이루 마이아 대위가 이끄는 부대가 카르무 광장의 총사령부에 도착했다. 혁명의 소식을 들은 리스보아 시민들이 광장을 가득 메우고 있었다. 광장과 골목을 가득 채우고, 가로등 기둥이나 나무 위에 올라가서 이 역사적인 순간을 놓치지 않으려는 사람들 손엔 카네이션이 들려 있었다. 혁명군을 지지한다는 표시였다. 시민들은 집에서 음식과 커피를 만들어 군인들에게 가져다주었다. 이날 사망자가 네 명 있었는데, 정부 측 경찰에 의한 발포 때문이었다. 혁명군에 의한 사상자는 한 명도 없었다. 카에타누 총리는 스피놀라 장군에게 권력을 넘기고, 리스보아를 떠나 마데이라를 거쳐 브라질로 망명했다.

다음 날인 26일, 과도 정부가 수립되었다. 비밀경찰은 해산되었고 검열은 폐지되었으며 자유로운 정당 활동과 노조 활동이 보장되었다. 감옥에 갇혀 있던 정치범들이 풀려나고, 해외로 망명가 있던 정치 지도자들이 귀국했다. 식민지 전쟁은 종결되었고, 전쟁터의 포르투갈 병사들은 고향으로 돌아왔으며, 마카오를 제외한 포르투갈의 식민지들은 차례로 독립했다. 독재자의 이름을 따 살라자르 다리라고 불렸던 테주 강 위의 붉은 다리는 '4월 25일'이라는 새로운 이름을 갖게 되었다. 그리고 일 년 뒤 민주적인 선거가 치러지고, 포르투갈의 민주주의는 자리를 되찾았다.

매년 4월 리스보아의 거리는 그날을 기리는 카네이션과 그림, 사진들, 그리고 사람들과 구호들로 가득하다. 카네이션 혁명이 일어나고 40년이 지난 지금도 포르투갈은 유럽 국가 중에 소득이 낮은 나라 중 하나다. 그러나 이들에겐 스스로의 힘으로 자유를 되찾고 민주주의를 일구어냈다는 자부심

01
02

01 4월 25일. 카네이션 혁명이 마무리된 카르무 광장에선 매해 혁명을 기리는 행사가 열린다.
02 4월 25일 자유의 날 40주년 기념 현수막. 코메르시우 광장, 리스보아.

카네이션 혁명의 주역 중 하나인 페르난두 주제 살게이루 마이아 Fernando José Salgueiro Maia 대위의 초
상화. 그래피티, 리스보아.

과 당당함이 있다. 현재 포르투갈인들에게 카네이션 혁명, 4월 25일은 민주
주의와 완벽하게 동의어다.

2
포르투갈 문화 알기

도시를 꾸미는
세 가지 방법

아줄레주^{azulejo}

리스보아, 포르투뿐만 아니라 포르투갈의 어느 도시를 가도 쉽게 만날 수 있는 것이 아줄레주다. 보통 화려한 그림이 그려진 푸른빛 타일을 떠올리기 마련이지만, 본디 아줄레주는 유약을 입혀 구운 진흙 판을 의미한다. 아줄레주는 아랍 문명이 이베리아 반도에 전해준 여러 흔적 가운데 하나인데, 아랍어로 '판판하게 갈아놓은 작은 돌'이라는 단어에서 유래되었다. 이슬람 세계에서 시작된 아줄레주는 스페인, 포르투갈, 이탈리아 남부 등 지중해 연안 전역으로 퍼졌다. 저렴한 재료인 진흙을 사용해 다양한 형태로 만들 수 있다는 것이 아줄레주의 장점이다. 또한 오래 사용할 수 있으며 위생적일 뿐만 아니라, 여름엔 더위를 막아주고 겨울엔 습기 차는 것을 방지해주기도 한다. 여름에 덥고 겨울에 비가 많이 오는 지중해 지역의 기후에 딱 알맞기 때문에 현재까지도 포르투갈에서 아줄레주는 건축용이나 장식용으로 다양하게 사용된다.

포르투갈에서 아줄레주가 처음 사용된 때는 15세기다. 주로 스페인의 세비야나 발렌시아에서 만들어진 것을 수입해 왔는데, 당시 아줄레주가 제작된 방식은 여러 색깔의 타일을 만든 뒤 자르고 다듬어 기하학적인 무늬를 만들어 배치하는 식이었다. 이러한 초기의 방식을 '알리카타두^{alicatado}'라고 부른다. 이는 모자이크 제작과정과 거의 비슷한데, 작업 속도가 느리고 품

01   04
02   05
03

01   알리카타두 기법의 아줄레주. 팔라시우 나시오날, 신트라.
02, 03 알리카타두와 코르다 세카 기법의 아줄레주. 팔라시우 나시오날, 신트라.
04   혼천의 무늬 아줄레주. 코르다 세카, 아레스타 기법. 팔라시우 나시오날, 신트라.
05   브라간사 가문 문장의 아줄레주. 국립 아줄레주 박물관, 리스보아.

이 많이 드는 과정이었다.

타일 한 조각에 한 가지 색상만 존재하던 기존의 방식에서 나아간 것이 타일을 만들고 거기에 여러 색을 칠하는 방법이다. 그러나 사각형의 진흙 판에 물감을 칠한 뒤 굽는 과정에서 수성 물감이 쉽게 번져 여러 색이 섞였기 때문에, 이를 막기 위해 수성 물감이 칠해진 색과 색 사이에 기름에 녹인 안료를 띠 모양으로 두르는 방식을 사용하게 되었다. 이런 제작기법을 '코르다 세카corda seca'라고 부른다. 마른 선이라는 뜻이다. 그럼에도 타일을 굽는 과정에서 서로 다른 색이 섞이는 경우가 빈번해 완성도 높은 타일을 제작하기가 쉽지 않았다. 그러던 중 타일을 찍어내는 나무틀에 미리 조각을 해서 디자인의 외곽선을 오목하거나 볼록하게 찍어내는 방식이 고안되었다. 오목하거나 볼록한 외곽선을 만들고 칸마다 다른 색을 칠하면, 물감이 섞이지 않으면서 시각적으로도 선명해 보이는 효과를 얻을 수 있었다. 이를 아레스타aresta 기법이라고 한다. 이 방식으로 사용할 수 있는 색상은 진한 푸른색, 녹색, 밝은 갈색, 자주색, 흰색 그리고 검정에 가까운 어두운 갈색이었다. 이러한 초기의 제작방식을 포르투갈에서 가장 잘 볼 수 있는 곳이 신트라Sintra의 팔라시우 나시오날Palácio Nacional이다.

15세기 포르투갈에서는 스페인에서 아줄레주를 구입만 해왔던 것이 아니라 포르투갈만을 위한 작품을 주문하거나 기술자를 불러와 제작하기도 했던 것으로 짐작된다. 포르투갈 대항해 시대의 아이콘이라고 할 수 있는 천문 관측기구 혼천의나 포르투갈 문장紋章이 표현된 아줄레주가 등장하는 등 포르투갈만의 특징이 보이기 때문이다.

16세기 초반, 이탈리아에서 개발된 마졸리카라는 아줄레주가 포르투갈에 소개되었다. 타일을 구운 뒤 유약을 바르고, 그 위에 붓으로 직접 그림을 그릴 수 있는 방식이었다. 이 기술로는 기존의 색상 외에도 노란색을 추가

01 03
02 04

01   프란체스코 니쿨로소, 〈수태고지〉, 마졸리카식 아줄레주, 에보라 박물관.
02   카펫을 연상시키는 중앙의 문양과 양옆의 다이아몬드 문양. 상 호크 성당, 리스보아.
03, 04 프란시스쿠와 마르살 드 마투스 형제가 제작한 상 호크 성당의 아줄레주.

로 표현할 수 있었다. 마졸리카 방식을 포르투갈에 소개한 이는 피사 출신의 화가 프란체스코 니쿨로소Francesco Niculoso로, 그가 만든 아줄레주가 현재 에보라 박물관에 남아 있다. 또한 프란시스쿠Francisco와 마르살 드 마투스Marçal de Matos 형제는 마졸리카 아줄레주를 남긴 대표적인 포르투갈 작가들이다. 이들은 아줄레주 장인이었을 뿐만 아니라 훌륭한 화가이기도 했다. 리스보아의 상 호크 성당에는 호크 성인이 환자를 돌보는 장면과 건물 장식용 조각을 모방하여 그린 아줄레주가 있다.

또한 성당 입구엔 '다이아몬드 장식'이라고 불리는, 볼록한 양감이 느껴지는 사각형 뿔 모양의 벽장식이 아줄레주로 그려져 있는데, 이것은 이런 형태의 작품 중 포르투갈에서 가장 오래된 것이다. 상 호크 성당의 아줄레주들은 18세기에 일어난 대지진에서도 살아남았을 뿐만 아니라 원래 작품이 있던 장소에서 그대로 감상할 수 있다는 점 때문에 우리에게 더욱 귀하다.

한편 리스보아의 아줄레주 박물관에서 만날 수 있는 〈목동들의 경배〉는 한 성당의 제단 뒤 벽장식용으로 제작되었던 것이다. 마구간의 아기 예수와 마리아, 요셉, 목동이 등장하는 장면뿐만 아니라 양옆 칸의 성 루카와 성 요한, 기둥을 타고 올라가는 듯 그린 잎 장식, 대리석처럼 그려진 기단 등이 표현되어 있어서 회화, 조각, 건축의 요소가 모두 아줄레주라는 기법 안에 녹아 있다.

17세기에 들어서 아줄레주의 모습은 더욱 다양해졌다. 대리석 같은 값비싼 건축 자재의 부족으로 시작되었지만 다양한 상상력이 꽃피는 문화적 발명품이 된 것이다. 먼저 단순한 색으로 격자무늬 타일을 만들어 건물 벽을 덮는 스타일이 등장했다. 그러나 17세기 포르투갈의 아줄레주 세계를 주도한 방식은 타일 4개, 혹은 9개나 16개 등으로 이루어진 정사각형 단위로 같은 무늬를 반복하는 '카펫' 식 문양이었다. 파랑, 노랑, 초록, 흰색 등으로 그려진 문양이 반복되고, 테두리는 마치 카펫의 테두리처럼 표현되는 경우가

01
02

01 마졸리카 양식의 아줄레주 〈목동들의 경배〉. 국립 아줄레주 박물관, 리스보아.
02 17세기의 격자무늬 아줄레주. 국립 아줄레주 박물관, 리스보아.

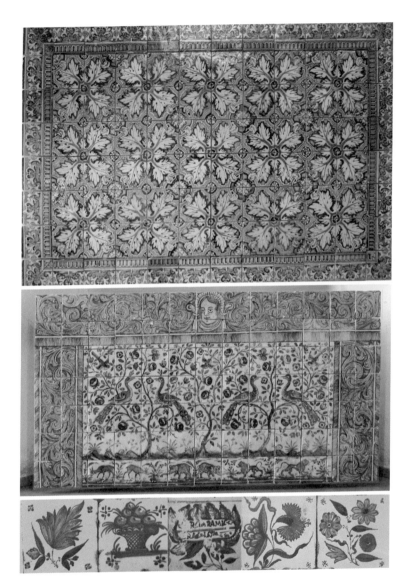

01 일정한 패턴이 반복되는 카펫처럼 만든 아줄레주. 17세기, 국립 아줄레주 박물관, 리스보아.

02 제단 가리개로 사용된 아줄레주. 17세기, 국립 아줄레주 박물관, 리스보아.

03 타일 하나에 한 모티프를 그리는 네덜란드 식 아줄레주. 국립 아줄레주 박물관, 리스보아.

많았다. 또한 당시 성당의 제단을 장식하거나 덮기 위해 화려하게 수놓인 천을 사용하는 경우가 많았는데, 이 시기의 포르투갈에서는 아줄레주가 제단 가리개를 대신하는 역할도 하게 되었다. 화려한 장식이 가능할 뿐만 아니라 값비싼 섬유를 사용할 때와 달리 관리가 쉽고 화려함은 배가된다는 장점이 있었다.

1580년 스페인과 합병되었던 포르투갈이 1640년에 독립을 선언하면서, 포르투갈 귀족들이 자신의 저택을 짓고 건물 외벽과 내벽, 정원 등을 아줄레주로 장식하는 경우가 많아졌다. 그러나 독립 선언 이후 20년 넘게 계속된 독립전쟁으로 인해 노동력이 부족해지고 화가들의 활동이 줄어들면서 포르투갈 국내에서 아줄레주 생산이 어려워졌다.

한편 16세기 중반까지는 포르투갈이 유럽-중국의 무역을 거의 독점했던 것에 반해, 16세기 후반에 이르면 네덜란드가 아시아 무역의 주도권을 잡게 되고, 이는 도자기 무역에서도 마찬가지였다. 그리고 계속되는 교류로 인해 17세기 즈음에 유럽에서 명나라의 청화백자를 만나는 것은 그리 어려운 일이 아니었다. 점차 유럽인들은 중국의 청화백자를 모방하기 시작했는데, 네덜란드인들 역시 중국의 영향 아래 그들 나름대로의 흰 바탕에 푸른색 안료로 그림을 그린 도기를 발전시킨다. 네덜란드의 아줄레주는 네덜란드 회화처럼 소규모에 정교한 작품이 많았으며, 푸른색은 짙었고 표면은 마치 동양에서 수입한 도자기처럼 빛났다고 한다. 이런 연유로 17세기 후반부터 18세기 초반까지 포르투갈엔 네덜란드 산 아줄레주가 유행했는데, 그중의 한 형태가 타일 하나에 한 가지의 테마로 그림을 그리는 형태의 아줄레주였다.

네덜란드 식으로 작은 모티프, 화병, 꽃바구니 등을 그린 아줄레주의 유행에도 불구하고 포르투갈인들은 그들만의 취향을 가지고 있었고, 네덜란드의 아줄레주 제작자들은 포르투갈인의 취향에 맞는 작품을 만들었다.

01
02 03
  04

01 원숭이를 의인화해서 그린 아줄레주. 국립 아줄레주 박물관, 리스보아.

02 올리베이라 베르나르데스가 제작한 로이오스 성당의 아줄레주. 에보라.

03 18세기 후반, 대지진 이후에 제작된 단순한 무늬의 아줄레주.

04 시골 출신의 가난한 청년이 도시로 와서 모자 제작자로 성공한 이야기를 담은 아줄레주. 모자
    제작자 본인의 집을 꾸미기 위한 작품으로, 아줄레주가 교회나 부유층의 전유물에서 벗어나 대
    중화되었음을 보여준다. 19세기, 국립 아줄레주 박물관, 리스보아.

즉 저택이나 궁전의 외벽, 정원 등에 넓은 면적의 아줄레주로 꾸미는 방식이었다. 이 시기의 주된 테마는 사냥 장면 혹은 목가적인 풍경이 많았다. 또한 원숭이가 등장인물이 되어 사람의 옷을 입고 사람처럼 행동하는 모습을 그린 아줄레주가 자주 만들어지는데, 자신이 무얼 하는지도 모르고 그저 남을 따라 하기만 한다는 풍자의 의미로 받아들여졌다.

18세기는 포르투갈 아줄레주의 전성기였다. 아줄레주의 규모가 커지고, 한 건물의 실내를 거의 다 덮을 정도의 작품이 제작되었다. 화가들이 아줄레주 제작에 적극적으로 참여하면서 원근법, 인물 표현, 풍경과 건물 묘사 등이 정교해졌다. 올리베이라 베르나르데스Oliveira Bernardes 부자가 18세기 아줄레주 제작을 이끌었다. 다룬 테마 역시 종교, 목가적인 풍경, 바로크나 로코코 양식 건축의 실내장식을 트롱프뢰유(눈속임 기법)로 표현하는 등 다양해졌다. 이 시기의 아줄레주에서는 종교화나 알레고리화 등과 함께 건물의 기둥이나 난간, 벽장식 등을 그린 것을 쉽게 만나볼 수 있다.

그러나 1755년에 포르투갈을 강타한 대지진 이후, 빠른 시간 안에 많은 건물들을 재건축해야 했을 때는 이전처럼 정교하고 거대한 아줄레주 제작이 쉽지 않았다. 특히 지진의 피해를 많이 입은 리스보아를 재건했을 때 사용한 아줄레주는 주로 큼직큼직한 무늬에 쉽고 빠르게 제작할 수 있도록 스텐실 기법으로 만들어지기도 했다. 그러나 대지진의 여파에서 한숨 돌리고 난 뒤엔 다시 장식적이고 화려한 아줄레주가 등장했고 리스보아엔 왕립 아줄레주 공장이 설립되기도 했다.

19세기 초반에는 프랑스 군대의 포르투갈 침략으로 인해 여러 공장이 문을 닫는 등 침체기가 있었으나, 19세기 중반 이후 아줄레주는 왕실이나 귀족, 교회의 전유물에서 벗어나 대중화되었다. 외벽을 아줄레주로 장식하는 일반 건물들이 늘어났고 당시 유럽의 미술사조가 아줄레주에 적극적으로 반영되었다. 아줄레주로 광고하는 사업자들도 생겼고, 여전히 교회는 아줄

01 03
02 04

01 카르무 성당, 포르투.
02 비우바 라메구(옛 아줄레주 공장), 리스보아.
03 일데퐁수 성당, 포르투.
04 트린다드 거리의 아줄레주, 리스보아.

01　03
02
04

01,02 라파엘 보르달루 피네이루Rafael Bordalo Pinheiro가 제작한 아줄레주. 화가이자 풍자만화가이
　　　 기도 했던 그는 아줄레주를 비롯한 각종 세라믹 디자인도 했다. 칼다스 다 라이냐Caldas da Rainha
　　　 의 도자기 공장에서 그가 디자인한 작품들은 지금도 쉽게 포르투갈의 그릇 가게, 기념품 가게
　　　 에서 만날 수 있다.
03　현대의 아줄레주. 줄리우 포마르Júlio Pomar 작품. 페르난두 페소아의 초상. 알투 두스 모이뉴스
　　　 Alto dos Moinhos 역, 리스보아.
04　현대의 아줄레주. 주앙 아벨 만타João Abel Manta 작품. 칼로스트 굴벤키안 대로Avenida Calouste
　　　 Gulbenkian, 리스보아.

레주로 장식되었다.

20세기, 그리고 21세기 현재 역시 포르투갈에선 여전히 아줄레주로 도시를 장식한다. 기차역이나 지하철역에선 유명 화가의 아줄레주를 만날 수 있고, 도시의 길 이름도 아줄레주 위에 적힌다. 현대적인 추상화를 그린 아줄레주도 제작되지만 여전히 18세기처럼 흰색 바탕에 푸른색으로 그린 풍경화 아줄레주도 만들어진다. 신자 수가 많지 않은 성당에서 잊혀져가고 제대로 관리 받지 못하는 18세기 아줄레주를 보면 안타깝다. 그러나 지금도 새로 만들어지고 있는 아줄레주 광고판이나 건물의 외벽을 보면, 포르투갈에서 아줄레주라는 것은 박물관이나 유적지에 가야만 볼 수 있는 것이 아니라 사람들과 함께 살아 숨 쉬는 예술양식이라고 느껴진다. 포르투갈 어느 도시의 옛 골목을 걷다가 문이 한 뼘 정도 열려 있는 건물을 본다면 살짝 들여다보라. 겉에서는 소박해 보이는 집들이 그 어느 곳보다 화려한 속살을 가지고 있을지도 모른다.

포르투갈 식
포장길Calçada Portuguesa

칼사다 포르투게자, 즉 포르투갈 식 포장길은 도시나 마을의 광장이나 거리, 산책로 등을 잘 다듬은 돌로 포장한 것을 부르는 말이다. 포르투갈 전 지역과 과거에 포르투갈의 영향 아래에 있었던 곳에서 쉽게 볼 수 있다. 돌을 이용해서 길을 포장하는 것은 로마 시대에도 이미 존재했던 방법이지만, 포르투갈 식 포장길은 19세기 이후부터 널리 사용되기 시작했다.

21세기, 모든 것이 기계화되고 디지털화된 시대에 포르투갈 도시의 바닥은 일일이 수작업으로 만들어진다. 숙련된 전문가들이 공구를 들고 하나

리스보아 산투 안탕 거리.

하나 돌을 깨고, 크기를 맞추고, 무늬를 넣어 길을 포장하는 과정을 보노라면, 매번 밟고 지나다니는 길바닥이 예사롭지 않아 보인다. 주로 사용하는 재료는 흰색, 검은색, 회색, 연분홍색 등의 석회석이다. 길의 디자인에 따라 돌 윗부분의 모양은 정사각형, 직사각형, 육각형, 삼각형 등으로 다듬어진다. 포장할 바닥을 평평하게 만들고, 무늬대로 돌을 바닥에 배치하고, 흙과 모래로 돌과 돌 사이를 메운다. 그 위에 물을 뿌려 흙을 단단하게 만들고, 무거운 나무 메로 돌바닥을 꾹꾹 누른 다음 빗자루로 돌 위에 남은 흙을 깔끔히 제거한다. 마지막 단계이자 가장 시간이 오래 걸리는 과정은 바로 보행자의 몫이다. 사람들이 지나다니면서 만드는 마찰로 인해 석회석 돌은 매끈하게 다음어지고, 햇빛이 반사되어 아름답게 윤기가 흐르는 포르투갈식 포장길이 된다.

포르투갈 식 포장길은 단순히 흰색 돌만 깔려 있기도 하고, 검은색과 흰색이 번갈아가며 구불구불한 파도 모양을 만들기도 하고, 직선, 사선, 바둑판 무늬 등을 만들기도 한다. 도시의 상징물을 만들어 넣기도 하고 공원 입구엔 공원의 설립연도가 씌어 있으며, 가게 앞바닥엔 가게의 이름이 적혀 있기도 하다.

포르투갈 식 포장길의 아름다움에 대해 인정하지 않는 사람은 없지만, 일일이 수작업으로 만들어야 하고 유지비가 만만치 않게 든다는 점 때문에 리스보아 같은 도시에서는 더 이상 수공이 많이 드는 포르투갈 식 포장길 대신에 넓적하고 큰 돌을 까는 포장으로 바꾸자는 의견이 나오기도 했다. 그리고 가슴 철렁하게도, 일부 골목길에서는 부분적인 상수도 공사 후에 넓적하고 큰 보도블록을 깔기도 했다. 그러나 다행히도 많은 포르투갈인들이 도시를 꾸미는 이 방식에 찬성하고 있으니, 포르투갈 식 도시의 아름다움은 앞으로도 우리 곁에 있을 것 같다.

01 리스보아 바이샤의 포장길.
02 리스보아 시아두 광장의 포장길.
03 리스보아 호시우 광장의 포장길.
04 파루의 포장길.

01
02

01 리스보아 헤스타우라도레스 광장의 포장길.
02 리스보아 리스보아 카몽이스 광장의 포장길.

연도와 지명, 역사적
상징을 새긴 포장길

01 우체국 앞의 포장길.
02 상 비센트의 배와 까마귀 무늬 포장길.
03 파스텔 드 나타(에그 타르트)로 유명한 가게 파스테이스 드
   벨렝 앞의 포장길.
04 QR 코드 무늬가 새겨진 포장길.
05 포르투갈 식 포장길을 디자인하는 이들이 은근히 서명 역
   할을 하는 표시를 남겨놓기도 한다.

01 03
02

포르투갈의 영향하에
있던 곳의 포장길

01 리우데자네이루 코파카바나 해변의 포장길.
02 마카우의 포장길.
03 앙골라의 포장길.

그래피티graffiti

포르투갈의 골목길엔 이게 낙서야, 그림이야라는 의문이 드는 무언가가 넘친다. 허름한 골목길의 구석, 도시에서 가장 번화한 구역에서 리모델링을 기다리는 건물, 강가의 부둣가 창고, 한때 밤마다 배우와 무용수가 드나들었던 극장, 관광객들로 가득한 전차가 지나가는 길, 그리고 그 전차, 아무도 살지 않는 건물의 시멘트로 발라진 문과 창문, 혹은 아직도 사람이 사는 낡은 집의 문, 특색 없는 아파트 단지 내의 보일러실 건물, 대서양 한가운데 섬의 카페, 그 섬의 부둣가 등등. 즉 포르투갈 사람들이 있는 곳엔 늘 벽화가 있다. 놀랍도록 정교한, 예술이라 부르기에 손색없는 벽화도 있고 노력이 좀 필요한 걸, 싶은 그림도 있다. 붓이나 스프레이로 대충 휘갈긴 낙서도 많다. 사유지에 벽화를 허락 없이 그리는 것은 물론 불법이기 때문에 어떤 장소는 건물 관리인과 거리의 예술가 사이의 소리 없는 전쟁을 보는 듯, 지웠다 그렸다가 반복되는 장소도 있다. 아예 시에서 거리의 화가에게 그림 그리라고 내준 벽도 있다. 이제는 꽤 유명해져서 국제적인 주목을 받는 도시 공간 예술가도 물론 있다.

이제 포르투갈을 다녀온 여행자가 블로그에 올려놓은 맛집을 찾느라 스마트폰의 지도를 들여다보는 대신에, 포르투갈에 사는 사람들이 매일 지나다니는 길을 바라봤으면 좋겠다. 나는 대부분의 독자보다 조금 먼저 포르투갈을 여행 중이고 살아가는 사람에 불과하다. '하하, 너도 여기는 발견 못했겠지!' 하는 독자가 늘어나길 바라며, 내가 그동안 봐온 벽화, 낙서, 그래피티, 예술, 그 무엇이라 불러도 괜찮을 것들을 소개한다.

리스보아의 그래피티.

01
02

01 리스보아 모라리아의 그래피티.
02 세투발의 그래피티.

01
02

01 포르투의 그래피티.
02 코임브라의 그래피티.

01
02

국립 아줄레주 박물관

Museu Nacional do Azulejo

아줄레주 박물관은 1509년에 레오노르 왕비(주앙 2세의 부인이자 마누엘 1세의 누이)가 설립한 마드레 드 데우스 수도원 건물에 자리 잡고 있다. 수도원이 설립된 것은 16세기지만 현재 박물관 안에서 볼 수 있는 실내장식은 17세기 후반~18세기 초반에 이루어졌다. 이 시기에 포르투갈은 브라질에서 유입된 금 덕분에 생긴 자금을 기반으로, 기존 건물의 내부를 화려하게 장식한다든가 기존에 없던 큰 규모의 건물을 짓게 되는데, 이곳도 그런 예들 중 하나다. 마드레 드 데우스 수도원에는 당시의 사회상과 유행을 반영하듯 도금 처리한 벽장식, 브라질 산 나무로 깐 바닥, 네덜란드 산 아줄레주 등이 모여 있다. 1834년, 포르투갈에서 종교 단체의 재산이 국유화되고 1871년에 수도원의 마지막 수녀가 사망하면서 이곳은 폐쇄 수녀원에서 공공 건물로 변모한다. 특히 1958년, 레오노르 왕비 탄생 5백주년을 맞아 본래 수도원에 있던 아줄레주와 함께 포르투갈 곳곳의 아줄레주를 모아 특별전이 개최되었고, 이 작품들을 기반으로 해 아줄레주 박물관이 태어났다.

아줄레주 박물관에서는 15세기부터 현대에 이르기까지 시대별로 포르투갈의 아줄레주를 직접 볼 수 있고 쉽게 설명된 제작과정도 볼 수 있다. 박물관으로서의 역할도 훌륭하지만, 마드레 드 데우스 수도원에 있던 회화, 아줄레주, 도금된 실내장식, 가구, 크리스마스 장식 등을 본래 수도원에 배치되었던 그대로 볼 수 있다는 장점이 있다.

🏛 Rua da Madre de Deus 4, Lisboa

☉ 10:00~18:00

☽ 매주 월요일, 1월 1일, 부활절, 5월 1일, 6월 13일, 12월 25일

🎫 5유로

www.museudoazulejo.pt

01 마드레 드 데우스 수도원(국립 아줄레주 박물관).
02 수도원의 내부의 클로이스터.

01
02
03

01, 02 수도원 내의 성당.

03 수도원의 부엌.

프론테이라 저택
Palácio Fronteira

프론테이라 저택 혹은 프론테이라 궁이라고 불리는 이곳은 1670년경, 주앙 드 마스카레냐스[João de Mascarenhas], 즉 제1대 프론테이라 후작이 사냥용 별장으로 지은 곳이다. 지금은 리스보아 시에 속하지만, 이 저택이 지어질 당시 이곳은 리스보아 외곽이었으며, 몬산토 산자락에 속해 있어 사냥과 농사에 적합한 곳이었다. 마스카레냐스 가문의 본채는 리스보아 시내, 현재 바이후 알투에 해당하는 구역에 있었는데, 1755년 대지진 때 다른 여러 건물들처럼 붕괴되고 말았다. 그래서 프론테이라 가문은 여름용 별장으로 지은 이 저택에 와서 지내게 된다. 기존의 건물은 여름휴가를 보내기 위한 용도였기 때문에 일 년 내내 지내기엔 부족한 점이 있었다. 따라서 새로운 건물을 덧대어 지었고, 겨울에도 쾌적하게 지내기 위한 난방시설도 설치했다.

이 저택은 17세기에 본 건물이 지어지고 18세기에 증축했다는 점 외에는 거의 변한 모습 없이 17, 18세기 포르투갈 저택의 형태를 잘 보여준다. 특히 건물의 내부, 외부, 정원, 연못 등을 장식하고 있는 아줄레주는 규모와 양에서 월등하기도 하지만 색채, 디자인, 주제 등에서 그 어느 곳보다도 다양한 모습을 간직하고 있다는 점 때문에 꼭 방문해볼 만한 곳이다. 널리 알려진 관광지도 아니고 리스보아 구시가지에서 가깝지도 않지만 의외로 이곳을 찾는 사람이 적지 않다. 우리나라에는 번역되지 않았지만 공쿠르 상을 수상한 프랑스 작가 파스칼 키냐르가 17세기의 이 저택과 관련된 책 La Frontière(1994)를 써서 널리 알려지기도 했다.

저택에 도착하면 정해진 시간에 맞춰 가이드와 함께 입장한다. 아줄레주로 장식된 계단을 지나 위층으로 올라가면, '전투의 방'이라고 불리는 방이 있고, 포르투갈이 스페인에서 독립하기 위해 치렀던 전쟁 장면을 그린 아줄레주가 있다. 또한 저녁식사를 하던 방, 응접실, 카드놀이 등을 하던 오락실, 서재 등도 방문할 수 있다. 명나라 시대의 자기, 인도산 카펫과 가구, 고서들과 고지도 등이 보인다. 이 저택에는 아직도 프론테이라 후작과 가족이 살고 있기 때문에 실내 전체를 개

01 03
02 04
05

01 조개껍질, 중국 도자기, 조약돌 등으로 장식한 부분. 아랫부분은 네덜란드 산 아줄레주이다.

02 카사 드 프레스쿠와 아줄레주로 장식된 분수.

03, 04, 05 프론테이라 저택과 정원의 아줄레주.

방하지는 않는다.

이곳을 방문했을 때가 점심시간쯤이었는데, 저택 안에서 정원으로 나가는 문을 지날 때 어디선가 양파와 마늘을 기름에 볶는 냄새, 너무나 친숙한 부엌 냄새가 나서 화들짝 놀랐던 기억이 있다. 17세기에 지어진, 이삼백 년 전의 아줄레주와 가구들이 있는 곳에서 우리 집 부엌에서 날 것만 같은 구수한 음식 냄새가 나다니, 어떤 곳에서도 해보지 못한 독특하고 기분 좋은 경험이었다(이 글을 쓰고 몇 달 뒤, 페르난두 마스카레냐스, 즉 프론테이라 후작이 69세로 별세했다는 뉴스를 접했다. 역사 교수이면서 미술과 문화 후원자였던 이분의 명복을 빈다).

정원과 건물을 이어주는 베란다로 나가면 그리스 신화의 신과 일곱 가지 자유 학문을 형상화한 조각과 아줄레주가 있고, 동물들이 그려진 아줄레주가 붙어 있는 작은 벤치들이 우리를 기다린다. 이 베란다의 끝엔 조개껍질, 작은 돌멩이, 깨진 도자기 그릇으로 장식되어 있는 공간이 있다. 포르투갈 왕 페드루 2세가 이 저택에서 식사했을 때, 모든 음식이 중국 도자기에 차려져 나왔다고 한다. 왕이 와서 식사했다는 것을 기리고 왕이 사용한 그릇을 다른 사람이 다시 사용하지 않는다는 존경의 의미에서, 식사 때 쓴 도자기들을 깨서 벽과 천장을 장식했다고 한다.

계단을 내려가면 카사 드 프레스쿠, 즉 '시원한 집'이라고 불리는 자그마한 공간이 나온다. 그 앞엔 아줄레주로 장식된 분수와 '실외 냉방시설'이 있다. 포르투갈이나 스페인처럼 여름이 건조하고 기온이 높은 곳에서는 카페나 레스토랑의 실외 좌석에, 마치 우리나라에선 겨울에 사용하는 실외 난방기 비슷하게 생긴 기계가 있어서 몇 분에 한 번씩 찬물이 아주 작은 물방울로 치이익 하고 뿜어져 나온다. 우리나라의 여름처럼 습도가 높은 곳에서는 상상하기 힘들지만, 비만 오지 않는다면 실내보다는 실외 좌석을 선호하는 이곳 사람들에게는 훌륭한 냉방 기구다. 이런 현대의 실외 냉방시설과 거의 비슷한 것이 프론테이라 저택의 정원에도 있다. 카사 드 프레스쿠 앞, 분수가 있는 그늘진 공간 양옆에 가느다랗게 물을 뿜는

시설이 설치되어 있는 것이다. 이 냉방 시설을 가동시키면 온도가 몇 도는 족히 내려갔다고 한다.

건물 앞 베란다와 정원의 아줄레주엔 원숭이나 동물들이 사람의 옷을 입고 사람이 행동하듯 등장한다. 물론 당시 포르투갈인들의 모습도 등장한다. 사냥 장면을 묘사하거나 신화의 등장인물이 그려진 아줄레주도 있다. 정원의 큰 연못은 '기사의 연못'이라고 불리는데, 연못의 물은 저택이 속한 땅에서 나오는 지하수라고 한다. 연못 주변엔 말을 탄 기사들의 모습이 아줄레주로 그려져 있다. 연못이나 분수 등을 아줄레주로 장식하는 경우가 많았던 것을 떠올려보면, 물과 아줄레주는 포르투갈인들이 매우 좋아한 조합이다. 그 위엔 '왕들의 갤러리'라고 불리는 곳으로, 포르투갈 왕들의 흉상과 함께 프론테이라 가문의 상징인 구리로 표면을 입힌 목련 모양의 아줄레주가 장식되어 있다.

가이드와 함께 하는 저택과 정원 관람이 끝나면 미로처럼 나무를 다듬어놓은 정원을 거닐거나 벤치에 앉아서 아픈 다리를 쉬는 것도 좋다. 관광객으로 복닥복닥한 곳을 벗어나 리스보아 외곽의 공기를 느껴보는 것도 흔히 할 수 있는 경험은 아니기 때문이다.

🏛 Largo de São Domingos de Benfica 1, Lisboa

☉ 저택+정원 | 언어별로 홈페이지 참조 (저택은 정해진 시간에 가이드와 함께 입장)
정원 | 10:00~17:00

🗘 매주 토, 일요일, 공휴일

🎫 저택+정원 13유로 | 정원 5유로

www.fronteira-alorna.pt

01 03
02

01 그리스 신화의 신과 자유 학문을 형상화한 조각과 아줄레주.

02 아줄레주로 장식된 화단과 의자.

03 기사의 연못.

포르투갈인들의
미적 감각

한국인의 기준으로 볼 때 포르투갈 사람들은 수수하다. 한창 꾸미고 다닐 법한 젊은이들도 하이힐은커녕 화장조차 하지 않고 다니는 사람들이 많다. 도시나 마을의 모양새도 화려하기보다 소박하고, 레스토랑의 음식도 예쁘게 차려지기보다 푸짐하고 먹음직스럽게 차려져 나오는 식이다. 그렇다 해도 포르투갈만의 아름다움은 존재한다. 그들만의 미적 감각이 드러나는 부분이 있으니, 포르투갈 곳곳에서 만날 수 있는 마누엘리노 양식의 문과 창문, 나무를 화려하게 조각한 뒤 금으로 표면을 덮은 성당의 내부 '탈랴 도라다', 그리고 흰 면이나 리넨에 아기자기한 문양을 한 땀 한 땀 수놓은 '연인의 손수건'이다.

마누엘리노 양식
Manuelino

새로운 장소를 여행하다보면 그곳에서 가장 아름답고 웅장한 건물을 자연스럽게 찾아서 보게 되는데(굳이 찾아가지 않아도 저절로 눈에 들어오는 것이 보통이다), 그 건축물이 지어진 시기가 그 나라나 도시가 가장 융성했던 시기라고 봐도 별 무리는 없을 것이다. 포르투갈에선 16세기 초, 마누엘 1세가 다스리던 시절이 그렇다.

마누엘리노 양식의 창문. 그리스도 기사단의 십자가, 그 밑엔 포르투갈 문장, 양 옆엔 혼천의가 보인다. 복잡하게 꼬인 밧줄 장식과 석류 열매 모티프도 확인할 수 있다. 그리스도 수도원, 토마르.

1500년대 초반, 포르투갈에서 지어진 교회, 수도원, 일반 건물 등에서 나타나는 장식 양식을 당시 왕의 이름을 따서 마누엘리노 양식이라고 부른다. 마누엘 1세는 자신의 사촌이자 선왕인 주앙 2세가 닦아놓은 해외 진출의 길을 더욱 확장시켰다. 일반적인 왕위 계승 순위로 따지면 마누엘은 왕위에 오르기 어려운 인물이었다. 후계자가 없었던 주앙 2세의 사촌이긴 했지만 자신보다 나이 많은 형들이 있었기 때문이다. 첫째 형이 이십대에 요절하고, 둘째 형은 주앙 2세를 암살하려 한 음모에 연루되어 사형당한 후, 사촌인 주앙 2세가 결국 후계자 없이 사망하면서 마누엘은 포르투갈 왕위에 오르게 되었다. 그의 치세에 바스쿠 다 가마는 인도에 도착해 향신료 무역의 길을 열었고, 페드루 알바레스 카브랄은 브라질에 도달했다. 여러모로 행운의 여신이 손을 잡아준 것 같은 삶 때문에 그는 '행운왕'이라고도 불린다.

마누엘 1세는 왕좌에 앉으면서 갖게 된 권력에 대해 잘 알았고, 포르투갈 내부와 국제 사회에서 어떻게 처신해야 할지도 잘 알고 있었던 것 같다. 그는 스스로를 여러 대륙에 걸친 영토를 갖고 있다는 점에서 고대 로마의 카이사르의 후계자, 그리스도교 신앙을 전 세계에 전파하는 의무를 갖고 있다는 점에서 콘스탄티누스 황제의 후계자라고 설정했다. 그리고 특히 건축이 권력의 메시지를 알리는 데 가장 효과적이라는 점을 간파하고 교회, 수도원, 군사용 건축물 등을 새로 짓기 시작했다. 이 건물들은 마누엘 1세가 포르투갈의 권력을 만방에 알리고 전 세계에 그리스도교를 전파하겠다는 의지를 보여주는 상징물이 되었다. 물론 이러한 건축 프로젝트가 실행될 수 있었던 것은 향신료 무역으로 벌어들인 막대한 자금이 있었기에 가능했다.

우리가 볼 수 있는 마누엘리노 양식의 특징은 포르투갈의 문장紋章, 혼천의, 그리스도 기사단의 십자가, 밧줄을 꼬아놓은 듯한 모양의 장식, 식물 모티프 등을 활용한 장식 등이다. 전반적으로 매우 장식적이고, 기능과 관련 없는 장식적인 기둥들도 많다. 이 마누엘리노 장식을 건축양식이라고 부르

01
02

01 혼천의(천문관측기구), 그리스도 수도원, 토마르.
02 코임브라 대학교의 문 장식. 꼬여 있는 기둥, 포르투갈 문장, 그리스도 기사단 십자가, 혼천의,
　　석류 문양, 기둥 중간의 매듭 등 마누엘리노 양식의 특징이 잘 보인다.

기는 좀 어렵고, 후기 고딕 양식의 한 종류라고 보면 될 것 같다. 그러나 포르투갈 혹은 포르투갈 영향 아래에 있는 지역에서 1500년대 초반이라는 한정된 시간 동안 만들어진 독특한 스타일이라는 점에서 '마누엘리노 양식'이라고 불러도 무방할 것 같다.

마누엘 1세가 단기간에 수많은 건축 프로젝트를 시행하자 전문 기술 인력이 부족해져서 스페인, 플랑드르, 프랑스, 독일 등에서 기술자를 불러오게 되었다. 이로 인해 포르투갈의 미적 감각에 더불어 여러 곳의 스타일이 섞이면서 마누엘리노라는 독특한 양식이 만들어졌다. 포르투갈의 무데하르Mudéjar(이베리아 반도에 있던 아랍인들의 문화나 예술양식), 스페인의 플라테레스코Plateresco(15세기 스페인에 나타난 장식 스타일), 플랑부아양Flamboyant 양식(프랑스의 후기 고딕 양식, 불타는 듯한 장식 무늬 때문에 이런 이름이 붙었다) 등이 마누엘 1세가 벌여놓은 판에서 모두 만났다고 해야 할 것이다. 왕의 이러한 취향을 따라 당시 귀족들도 교회 건축을 후원하기도 하고 옛 건물을 당시의 방식대로 보수하기도 했다. 이러한 유행은 포르투갈 내에서뿐만 아니라 바다 건너 마데이라 제도나 아소레스 제도, 아프리카, 아시아의 포르투갈 식민지에까지 퍼졌다. 16세기의 리스보아는 마누엘리노 양식으로 장식된 건물로 가득한 화려한 도시였다. 그러나 리스보아를 덮친 1755년의 대지진으로 인해 대부분 파괴되거나 심한 손상을 입었다.

19세기 미술사의 여러 명칭들이 그렇듯이 프란시스쿠 아돌푸 바른하겐Francisco Adolfo Varnhagen이라는 사학자가 리스보아의 제로니무스 수도원을 묘사하면서 처음으로 마누엘리노라는 이름을 붙였다. 그리고 고딕 양식을 다시 만드는 고딕 리바이벌이 유행하면서, 고딕 양식의 한 갈래라고 할 수 있는 마누엘리노 양식 역시 새롭게 부활하게 되었다. 새로 짓는 건물을 마누

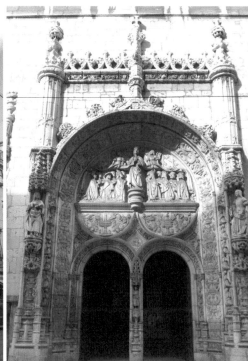

01 02

01 리스보아 구시가지 바이샤 지구의 **콘세이상 벨랴**^{Conceição Velha} 성당. 1500년대 초반에 지어진 자비의 성모 성당은 리스보아에서 제로니무스 수도원 다음으로 큰 규모였으나 1755년 대지진 때 무너졌다. 파괴된 건물에서 남아 있던 부분을 새로운 성당을 지을 때 활용했는데, 이곳이 바로 지금 우리가 볼 수 있는 콘세이상 벨랴 성당이다.

02 콘세이상 벨랴 성당 정문. 16세기 초반 마누엘리노 양식을 리스보아 구시가지에서 가장 잘 볼 수 있는 곳이다. 무너진 성당이 자비의 성모에게 바쳐진 곳이었기 때문에 팀파눔엔 망토를 펼쳐 사람들을 감싸 안는 자비의 성모가 보인다. 마누엘리노 양식의 혼천의, 포르투갈 문장, 그리스도 기사단 십자가, 식물 모티프 장식 등도 보인다.

01 03 04
02   05

01 상 세바스티앙São Sebastião 성당의 마누엘리노 양식 문. 폰타 델가다Ponta Delgada, 아소레스 제도
　　의 상 미겔São Miguel 섬.
02 성모 마리아 잉태 성당, 16세기, 골레강Golegã.

03 1837년에 세워진 브라질 리우-데-자네이루의 도서관.

04 19세기에 네오마누엘리노 양식으로 건축된 호시우Rossio 역, 리스보아.

05 19세기 후반에 네오마누엘리노 양식으로 건축된 부사쿠Buçaco 궁. 현재는 호텔로 사용되고 있다.

01 03
02 04 05

01 세례자 요한 성당, 16세기, 모라^{Moura}.
02 비제우^{Viseu} 구시가지의 마누엘리노 양식 창문.
03 세례자 요한 성당 세부, 16세기, 모라.
04 마르빌라의 성모 성당, 16세기, 산타렝^{Santarém}.
05 과르다 대성당, 16세기, 과르다^{Guarda}.

엘리노 양식으로 짓기도 하고, 기존의 건물들을 보수하면서 마누엘리노 양식의 특징을 추가하기도 했다.

우리가 포르투갈에서 주로 접하게 되는 마누엘리노 양식은 리스보아의 제로니무스 수도원이나 토마르의 그리스도 수도원처럼 화려하고 멋진 대규모 건물들이지만, 소박한 시골 교회의 문이나 구시가지 골목 2층에 수줍게 자리 잡고 있는 창문 등에서도 흔히 찾아볼 수 있다. 포르투갈의 어느 작은 마을을 가도 마누엘리노 양식으로 만든 문 하나쯤은 있는 것이다. 16세기에 만든 문이 용케 살아남은 것도 있고, 19세기의 네오마누엘리노 시기에 제작된 것도 있다. 어느 편이라도 좋다. 만약 포르투갈에 우리를 과거로 데려다주는 포트키Portkey 같은 것이 있다면, 그것은 어느 조용한 마을, 옛 교회의 복잡한 밧줄 무늬 장식이 둘러진 야트막한 문일지도 모른다.

입구에서 본 그리스도 수도원의 모습. 정면에 보이는 16면체로 된 건물이 수도원에서 가장 오래된 부분이다. 다른 템플 기사단 성당들과 마찬가지로 예루살렘의 성묘 교회를 모델 삼아 지어졌다. 12세기 로마네스크 양식의 두툼한 성채로서의 특징도 보인다.

그리스도 수도원

Convento de Cristo, Tomar

그리스도 수도원은 원래 템플 기사단의 수도원으로 지어졌다. 템플 기사단은 예루살렘을 찾는 그리스도교 순례자들을 보호하기 위해 12세기에 결성된 기사단이었다. 그러나 이슬람교와 그리스도교가 대치하고 있던 이베리아 반도에서는 포르투갈을 무어인들로부터 지키기 위해 수도원을 짓고 템플 기사단이 자리를 잡았던 것이다. 14세기 초반, 템플 기사단이 해체된 후 포르투갈 왕 디니스 1세는 그리스도 기사단을 창립했고, 템플 기사단이 하던 역할을 그리스도 기사단이 하게 되면서 토마르의 수도원에 자리 잡게 되었다. 템플 기사단과 마찬가지로 그리스도 기사단 역시 종교 단체이자 군사 단체였다.

1417년, 항해왕 엔히크 왕자가 기사단의 수장이 되면서 포르투갈의 항해 사업과 그리스도 기사단은 떼어놓을 수 없는 관계가 되었다. 인적, 재

01 그리스도 기사단이 자리 잡은 이후 장식된 프레스코화. 14세기.

02 사진 오른쪽으로 템플 기사단 시절의 건물이, 사진 중앙과 왼쪽으로는 덧대어 지은 직사각형 신랑 부분이 보인다. 마누엘리노 장식을 눈여겨보자.

정적, 사상적으로 그리스도 기사단은 엔히크 왕자의 해외 사업에 뛰어든 주인공이었던 것이다. 그리스도 기사단과 포르투갈의 해외 진출·항해 사업의 관계는 아직 왕위에 오르기 전인 마누엘 1세가 1484년 기사단장이 되면서 더욱 긴밀해졌다. 이런 이유로 항해 시대에 해외 사업과 관련된 유적이나 건물, 기념비 등에는 언제나 그리스도 기사단의 십자가가 등장한다. 마누엘리노 양식의 건물에 그리스도 기사단의 십자가가 등장하는 것도 같은 이유다.

그러나 마누엘 1세 사망 후 주앙 3세의 시절엔 그리스도 기사단이 비군사화되어 성 베르나르도의 규율을 따르는 엄격한 종교 단체가 되었다. 한편 토마르 수도원은 1580년에 포르투갈이 스페인에 합병되고, 스페인의 왕 펠리페 2세가 포르투갈의 왕위에 오를 때(포르투갈의 필리프 1세) 대관식이 열렸던 곳이기도 하다. 현재 이곳은 유네스코 문화유산으로 지정되어 알코바사, 바탈랴 수도원과 함께 포르투갈에서 꼭 방문해봐야 할 수도원 중 하나가 되었다.

🏛 Colina do Castelo, Tomar

☉ 6월~9월 9:00~18:30, 10월~5월 9:00~17:30

🌙 1월 1일, 3월 1일, 부활절, 5월 1일, 12월 24, 25일

🎟 6유로(알코바사, 바탈랴, 토마르 수도원 통합 입장권 15유로)

www.conventocristo.pt

03
04

03 주앙 3세 시절. 르네상스식 회랑이 지어졌다. 포르투갈에서 볼 수 있는 르네상스 건축의 훌륭한 예시다.

04 마누엘리노 양식의 파사드.

탈랴 도라다 ^{Talha Dourada}, 금박 목조각 장식

포르투갈의 거의 전 지역에서 마누엘리노 양식만큼이나 쉽게 발견할 수 있는 것이 탈랴 도라다, 즉 금박 목조각 장식이다. 나무로 조각을 한 뒤 표면에 종잇장처럼 얇은 금박을 입혀 성당의 제단을 만들기도 하고, 벽이나 천장 등을 장식하기도 한다. 제단화 액자나 성물을 보관하기 위한 틀에 나무로 조각을 한 뒤 금박을 입히는 경우도 많았다. 16세기 말에서 18세기까지 이베리아 반도에서 많이 제작되었는데, 포르투갈에서는 특히 아줄레주와 더불어 건축 실내장식으로 널리 사용되었다.

탈랴 도라다의 기본 재료인 나무는 다른 재료에 비해 가격이 저렴하고 다루기가 쉽다는 장점이 있다. 금을 얇게 두들겨 펴서 금박지를 만들고 조각된 나무에 금박을 입히는 것만으로도 일반적인 회화나 대리석 조각으로 성당을 장식하는 것보다 같은 (혹은 더 낮은) 비용으로 훨씬 화려한 효과를 얻을 수 있었다. 조각되는 형태는 주로 식물의 잎이나 줄기 같은 자연의 요소, 솔로몬 식 기둥이라고 하는 꽈배기처럼 꼬인 기둥, 포르투갈 교회 특유의 몇 단이 겹쳐 쌓인 높은 제단, 성서의 인물이나 성인, 천사의 모습 등이었다. 나무 조각 위엔 금박 외에도 여러 가지 색을 써서 채색을 하기도 했고, 흰색으로 칠하거나 자연적인 나무 색을 그대로 남겨두기도 했다.

16세기 후반, 포르투갈은 세바스티앙 왕이 사망하고 향신료 무역의 주도권을 점차 빼앗기면서 경제적 위기에 봉착했다. 또한 트리엔트 공의회[●] 이

● 1545년부터 1563년 사이에 이탈리아 트리엔트에서 열린 가톨릭 공의회. 프로테스탄트의 등장과 함께 가톨릭의 종교화가 공격의 대상이 되자, 트리엔트 공의회에서는 근거가 확실한(예를 들면 성서에 묘사된 내용) 이미지로만 종교화를 제작하기를 권했다.

01 금을 두드려 종이처럼 얇게 편 상태.

02 꽈배기처럼 꼬인 기둥 위에 덩굴식물이 타고 올라간 것처럼 조각되어 있는 상 호크 성당 장식. 벽과 기둥은 금박과 흰색 물감으로 칠해졌고 성인들 조각은 다양한 색으로 채색되었다. 상 호 크 성당, 리스보아.

후 가톨릭 교리에 어긋나지 않으면서도 수준 높은 예술가가 제작한 회화나 조각 작품을 구하거나 제작하기가 쉽지 않았다. 이런 시대에 탈랴 도라다는 완벽한 실내장식 기법이었다. 저렴한 재료로 비교적 쉽게 제작할 수 있을 뿐만 아니라 자연적인 모티프를 많이 사용했기 때문에 종교적 문제 없이 실내를 장식할 수 있었다. 물론 금박 때문에 무척 화려해 보인다는 장점도 있었다.

17세기 중반 카스티야에서 독립한 이후 포르투갈은 더욱 카스티야와 다른 독자적인 스타일을 추구하게 되었다. 게다가 경제적인 어려움은 여전히 계속되었기 때문에 실내장식에 있어 탈랴 도라다, 아줄레주 같은 상대적으로 비용이 저렴하면서 장식성이 높은 건축 장식의 중요성은 점점 높아졌다. 그러던 중 17세기 후반에 브라질에서 금과 다이아몬드 광산이 발견되었다. 성당의 주 제단이나 소성당 하나 정도를 덮던 금박 장식은 성당 전체를 모두 덮는 식으로 웅장해지고 화려해졌다. 지금도 포르투갈의 회색 돌로 된 소박해 보이는 성당들 안에는 이러한 금박 장식으로 꾸며진 곳이 많다.

산타 클라라 성당 입구. 포르투.

산타 클라라 성당
Igreja de Santa Clara

15세기에 설립된 포르투의 산타 클라라 수도원. 원래 수도원과 성당은 고딕 양식으로 지어졌으나 17, 18세기에 걸쳐 탈랴 도라다가 입혀졌다. 나무로 만든 천장은 금박과 함께 여러 색으로 채색되었다. 현재 수도원 건물 대부분이 다른 용도로 사용되고 있으나 성당 건물은 아직도 본래의 역할을 하고 있다. 입구가 너무 수수해서 놓치기 쉬운 곳이지만 포르투갈 탈랴 도라다의 가장 아름다운 모습을 간직하고 있는 성당이다.

산타 클라라 성당의 천장. 목재, 금박, 채색의 훌륭한 조화.

성당의 규모는 아담하나, 성당 전체를 탈랴 도라다로 장식한 초기 성당 중 하나다. 실내조명이 좋은 편이 아니니 밝은 시간에 가서 보는 것이 좋다.

🏛 Largo 1º de Dezembro, Porto

🕐 월~금 9:30~12:00, 15:30~18:00
　　토 15:00~18:00 일 10:00~11:00

🌙 공휴일

🎫 무료

상 프란시스쿠 성당

Igreja Monumento de S. Francisco de Assis

14세기에 지어진 고딕 양식의 성당. 산타 클라라
성당처럼 이 수도원 성당도 훗날 탈랴 도라다로
장식되었다.

🏛 Rua do Infante Dom Henrique, Porto

🕐 11~2월 9:00~17:30 | 3~6월, 10월 9:00~19:00
　　7~9월 9:00~20:00

🌙 12월 25일

🎫 7.5유로

상 프란시스쿠 성당 입구. 맞은편 건물의 매표소에서
입장권을 구입해야 들어갈 수 있다.

01   02

01   소성당들과 벽은 금박으로, 천장은 금박과 함께 여러 색으로 채색되었다.

02   상 프란시스쿠 성당 내부.

연인들의 손수건

Lenços dos Namorados

포르투갈 땅의 가장 북쪽, 미뉴 지방에는 연인들의 손수건이라는 수공예 문화가 있다. 17, 18세기에 전문 자수가들이 옷을 장식하기 위해 놓던 자수에서 시작되어, 혼기가 찬 처녀들이 면이나 리넨 천에 수를 놓아 사랑하는 사람에게 선물하는 풍습이 생긴 것이다. 예전엔 처녀들이 연인들에게 애정 표현을 직접 말로 표현하는 것을 매우 뻔뻔한 행동이라고 여겼기 때문이었다.

연인이 수를 놓은 손수건을 받은 남자는 매주 일요일에 멋지게 차려입고 미사에 갈 때 상의 주머니에 손수건을 꽂거나 모자와 지팡이 등에 은근히 매어놓곤 했다. 자신의 사랑을 공식화한다는 의미였다. 두 젊은 남녀가 서로 호감은 있으나 공식적으로 사귀는 사이가 아닐 때, 젊은 아가씨는 일부러 상대방의 눈에 띄도록 자기 집 창가에서 연인의 손수건에 수를 놓거나, 지중해 쪽 국가의 시골 마을에서 아직도 그러하듯, 볕이 잘 드는 문 앞에 의자를 놓고 앉아 수를 놓기도 했다. 호감을 갖고 있는 청년이 수놓고 있는 자신을 본다면 알아서 눈치껏 사랑을 고백하도록 하기 위해서였다고 한다. 짓궂은 남자들끼리는 친구가 받은 손수건을 몰래 훔쳐서 두 연인이 싸우는 계기를 만들기도 하고(연인들의 관계가 완전히 파탄나기 전에 친구에게 돌려주었길 바란다), 두 연인이 혹여 헤어지면 손수건은 그들의 추억이 담긴 자잘한 물건들과 함께 상대방에게 다시 돌려보내졌다.

여자만 남자들에게 수놓인 손수건을 주었던 것은 아니었다. 드문 경우지만 남자들이 전문적으로 자수 놓는 사람을 고용해서 자신들의 이야기가 담긴 연인들의 손수건을 만들어 여자 친구에게 선물하기도 했다고 한다. 또한 연인들의 손수건은 미혼 남녀만을 위한 것은 아니었고, 결혼한 여성이

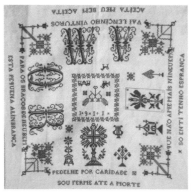

01 03

02 04

01 십자수 기법으로 수놓은 손수건. 사랑이라는 단어, 1911이라는 연도, 촛대와 십자가, 교회 등이
   보인다. '나 말고는 아무도 사랑하지 않기를', '당신만이 나의 희망' 등의 문구를 읽을 수 있다.

02 다양한 기법으로 제작된 자수 손수건. 연인들의 이름이 보이고, 그들이 아프리카로 이민 간 연
   도, 배, 아프리카의 나무, 포르투갈 문장 등이 보인다.

03 비둘기, 열쇠, 꽃과 함께 사랑을 다짐하는 문구가 수놓아져 있다.

04 거의 대하소설에 가까운, 여러 이야기가 수놓인 손수건. 밝고, 아기자기하고, 명랑하다.

여러 스타일의 미뉴 지방 손수건. 수를 놓는 방식뿐만 아니라 천의 테두리를 마무리하는 방식까지 만드는 이들의 개성이 두드러진다.

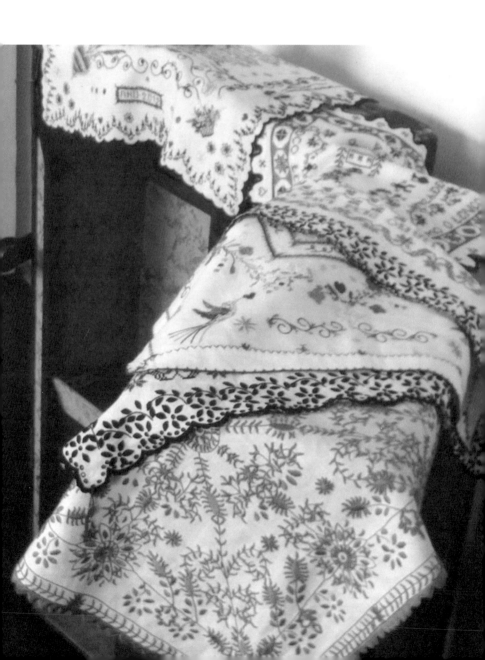

특별한 날에 남편에게 선물하기도 했다.

처음엔 주로 흰색 천에 검정이나 빨강 실로 십자수를 놓는 형태였다. 보통 우리나라에서 십자수 하면 별 손재주 없는 초보라도 도안과 실, 바늘, 천만 있으면 누구나 할 수 있는 쉬운 수공예라고 생각한다. 일반인들이 취미로 즐기기 위한 십자수용 천은 올이 굵기도 하고, 미리 만들어져 있는 도안에 나와 있는 대로 색깔을 맞춰 수를 놓으면 되기 때문일 것이다. 그러나 미뉴 지방의 십자수는 천의 세밀한 올을 하나하나 세어가며 수를 놓는 방식이어서 한 작품을 만드는 데 만만치 않은 시간이 들기 마련이었다. 점차 시간이 지나면서 십자수보다 쉬운 자수 방식이 통용되고, 다양한 색상의 실을 사용해서 눈에 확 띄는 디자인으로 수를 놓게 되었다.

보통 연인의 손수건은 50~60센티미터 사이의 흰색 정사각형 면, 혹은 리넨 천에 사랑, 신의, 결혼 등에 대한 모티프를 수놓는 것이 보통이다. 개나 비둘기는 신의를 뜻하고, 열쇠는 두 연인의 마음을 서로 연결해준다는 의미이며, 길게 늘어진 꽃과 식물 줄기는 사랑의 울타리를 빗댄 것이다. 십자가, 촛대 등 미사와 관련된 물건은 신 앞에서 이루어지는 신성한 결혼을 의미했다. 사랑과 결혼에 대한 이야기뿐만 아니라 포르투갈 사람들의 인생에 대한 이야기도 등장한다. 배, 편지를 입에 문 비둘기 등은 브라질이나 아프리카 등의 해외로 이민 간 사람에 대한 그리움, 바구니와 사다리 등은 포도 수확에 대한 묘사이며 별은 불운을 막아준다는 주술적 의미를 담고 있다. 그러나 이 손수건들엔 지극히 개인적인, 만든 사람과 받는 사람이 아니면 모르는 지극히 사적인 이야기들이 담겨 있는 것이 보통이다.

연인의 손수건으로 특히 유명한 빌라 베르드Vila Verde 출신의 나이 지긋한 부인께 이 손수건 만드는 법을 배울 기회가 있었다. 마리아 콘세이상은 왕성하게 수를 놓는 동시에 미뉴 지방의 이 수공예를 널리 알리는 활동을 하고 있었는데, 그 활동 중 하나가 마을 각 집의 장롱 깊숙한 곳에 고이 모셔

01 엉성하고 허술하지만 부끄러움을 무릅쓰고 공개하는 나의 손수건. 문양의 의미는 비밀.

02 연인들의 손수건을 모티프로 해서 만든 찻잔 세트. 비스타 알레그르^{Vista Alegre} 제작. 비스타 알레그르는 포르투갈의 대표 도자기/그릇 회사인데, 현대적인 디자인과 함께 포르투갈 전통 감각을 불어넣은 도자기도 많이 제작한다.

01
02

03
04

03 다양한 문양으로 수놓인 손수건.
04 식탁보, 오븐용 장갑, 수건 등 다양한 소품으로 활용되는 연인들의 손수건.

져 있는 손수건들을 세상 밖으로 꺼내는 작업이었다. 자신의 취지를 설명하고, 이제는 고인이 된 할아버지의 손수건이라든지, 팔십의 노파가 스무 살 때 만들어 옛날 연인에게 선물한, 그리고 훗날 그 연인은 남편이 되고 남편은 세상을 떠났어도 아직 세상에 남아 있는 손수건을 빌려 사진을 찍고 같은 디자인으로 복사본을 만드는 일을 하고 있었다. 이 과정에서 어려운 점은, 모든 연인의 손수건들은 다 지극히 개인적인 의미가 담겨 있기 때문에 사정 모르는 외부인이 보면 무슨 뜻인지 모르는 무늬가 종종 있다는 것이다. 그들이 그 문양의 비밀을 알려주기까지 마리아 콘세이상은 그들의 집을 방문하고, 이야기를 나누고, 그들의 인생에 대해 듣는 등 신뢰를 쌓기 위해 노력해야만 했다.

마리아 콘세이상이 연인들의 손수건을 만드는 법을 가르쳐주며 내게 해준 이야기는 이랬다. "정해진 규칙은 없다. 수놓는 기술보다 그 안에 담긴 내용이 중요하다." 그래서 난 나의 이야기를 담아 나만의 연인의 손수건을 만들었다. 문양은 내 마음대로 정했지만 색깔은 그동안 봐온 포르투갈 자수를 떠올리며 선택했는데, 포르투갈 사람 눈엔 내가 고른 색이 특이해 보인 모양이었다(어쩌면 외국인이라서 괜히 그런 관심을 받았는지도 모르겠다). 하트 무늬를 만드는데 자주색이라니, 특이한 배색이라고, 이래서 이 손수건은 나만의 것이 되는 거라고, 연인들의 손수건은 원래 그런 것, 만든 사람만의 독특한 흔적이 남아 있는 것이라고도 했다.

현재 미뉴 지방이나 빌라 베르드 마을이 아니라도, 리스보아나 포르투 도심의 가게들이나 공항엔 연인들의 손수건에서 영감을 받은 자수 제품을 많이 판다. 천에 수놓은 뒤 각종 생활용품을 만든 것도 있고, 더 나아가 자수의 문양을 따라 도자기나 프린트물로 활용하기도 한다. 많이 알려지는 것은 반갑지만, 원래의 의미를 잃지 않았으면 좋겠고, 잊지 않았으면 좋겠다.

포르투갈 사람처럼
먹고 마시기

서울 사람인 내가 포르투갈에서 살다보면 속 터지는 일이 한두 가지가 아니다. 포르투갈에서 제일 큰 도시인 리스보아에서도 버스가 15분에 한 대 지나가는 것이 보통이고 주말엔 무려 삼십 분에 한 대 지나가기도 한다. 슈퍼마켓의 계산대에 줄은 엄청나게 긴데 점원과 손님은 아무렇지도 않게 한담을 나눈다. 인터넷을 개통하려면 며칠 걸리는 것은 보통이고 은행 계좌 하나 트는 데 며칠에 걸쳐 온갖 서류를 요구하는 건 기본이다. 한식당도 한국 식료품점도 없다. 리스보아에서 제일 가까운 한국 식료품점은 아마 옆 나라 스페인의 마드리드에 있는 가게일 것이다.

그러나 먹고 마시는 것을 좋아하는 내게 포르투갈은 꽤 살 만한 나라다. 하루에 삼시 세끼 챙겨 먹는 것이 인생의 큰 즐거움인 사람은 비관적이 될 수 없다는데(하루에 즐거운 일이 세 번씩이나!), 그런 면에서 내게 포르투갈은 꽤 즐겁다. 이곳 사람들은 먹는다는 것에 인생의 많은 시간과 돈과 공을 들인다. 춥지 않은 날씨 때문에 일 년 내내 신선한 채소를 저렴한 가격에 먹을 수 있고, 바다가 가까우니 생선과 각종 해산물이 많다. 한국만큼 많다. 사실 한국인은 한반도가 얼마나 해산 자원이 풍부한 나라인지를 잊고 있는 것 같다. 바다가 우리에게 주는 것들이 얼마나 귀한지 나는 역설적으로 포르투갈처럼 바다가 가까운 이국에서 느꼈다. 왜냐하면 포르투갈을 찾는 다른 유럽인들은 모두 포르투갈의 해산물을 궁금해하며 맛보고, 포르투갈인들은 자신들의 바다 자원—해산물, 소금, 해변, 심지어 파도까지도—

을 자랑스러워하기 때문이다.

난 고기를 즐겨 먹는 편이 아니어서 육류에 대해서 무지하지만, 시장에서 파는 고기가 신선한 것은 확실히 알 수 있었다. 또한 이 나라에선 냉동육을 팔지 않는다는 것을 한국 요리를 준비하면서 알게 됐다. 불고기를 우리나라식대로 얇게 썬 고기로 만들 수 없다는 것이, 한국을 떠나면서부터 요리를 시작한 나에게는 문화적 충격이었다.

하루는 외국 친구를 초대해놓고 불고기를 해주고 싶었다. 중국 식료품점에 가서 팽이버섯과 당면을 사오고 양념도 나름 이것저것 섞어 잘 준비했는데 아뿔싸, 불고기감이라는 게 포르투갈엔 존재하지 않았다. 결국 얇게 저민 고기를 구하지 못해 직접 쇠고기를 사다가 얼려서 썰어야만 했다. 칼을 다루는 재주가 그리 좋지 않은데다가 왜 멀쩡한 고기를 굳이 얼렸다 다시 자르냐는 남편의 반대 의견도 있어서 결국 평균적인 불고기보다 훨씬 도톰하고 네모반듯한 불고기가 식탁에 올랐다. 그럼에도 불구하고 친구들은 맛있게 식사를 마쳤다. 굳이 얇은 고기를 찾지 않는 포르투갈인들의 식성을 간파해서, 이제는 일부러 생고기를 얼렸다가 써는 수고를 하지 않는다.

물론 포르투갈에도 소시지류나 돼지 뒷다리를 말린 것(프레준투, 스페인에서 하몽이라고 하는 것) 같은 저장용 육류가 존재한다. 그러나 포르투갈인들은 대체로 신선한 재료를 조금씩 사는 식으로 시장을 자주 보는 편이고, 냉동식품이나 반조리 식품은 그다지 많지 않으며, 패스트푸드점은 대도시의 매우 번화한 거리에나 어쩌다 하나 있을 뿐이다. 난 이 점이 좋다. 물론 한국의 분식집은 가끔 그립지만.

포르투갈은 런던이나 베를린처럼 문화적으로 역동적인 도시가 있다든지, 이탈리아처럼 온 나라가 박물관처럼 잘 보존되어 있는 나라는 아니다. 그러나 포르투갈엔 온화한 날씨와 맛있는 음식, 풍미 좋은 와인이 있다. 음식 전문가는 아니지만, 포르투갈을 소개할 때 음식을 빼놓을 수 없는 이유는 그만큼 이 나라의 매력 중 큰 부분이 음식이기 때문이다. 또 내가 포르투갈에서 좋아하는 것 중 하나가 음식 문화이기 때문에 이 책을 읽는 분들과 함께 포르투갈의 음식 이야기를 나누고 싶다.

포르투갈에서 음식을
주문하는 법

포르투갈에서 음식을 파는 곳의 명칭은 헤스타우란트restaurante(레스토랑), 타스카tasca(음식과 음료 등을 파는 곳으로, 보통 레스토랑보다 규모가 작고 수수하다. 타스키냐tasquinha라고도 한다), 스낵snack(샌드위치 등의 간단한 음식을 파는 곳), 카페cafetaria(커피를 비롯한 음료, 제과류, 간단한 음식 등을 파는 곳) 등이다. 보통 헤스타우란트와 타스카에서는 12시~3시 사이에 점심식사를, 7시~10시 사이에 저녁식사를 제공한다. 이때가 아니면 대부분 주방이 문을 닫기 때문에 정찬을 먹기는 힘들고, 대신 스낵이나 카페 등에서 샌드위치나 비파나bifana(둥근 빵 사이에 구운 돼지고기를 끼운 것), 프레구prego(빵 사이에 구운 쇠고기를 끼운 것), 햄버거, 수프 등을 먹을 수 있다.

자, 포르투갈의 어느 도시든 가서 골목길에 있는 타스카에 들어가보자. 들어가면 빈자리가 있다고 해서 아무 데나 앉지 말고, 일단 자리를 안내받을 때까지 기다린다. 자리에 앉으면 메뉴판과 함께 빵, 올리브, 치즈, 버터 등을 가져다준다. 관광객이 많이 찾는 동네라면 영어 메뉴판이 있을 가능성이 높다. 타스카 정도의 식당에는 식당 문 앞의 칠판이나 안내판, 메뉴판의 맨 앞장에 그날의 추천 음식을 적어놓는 경우가 많다. 뭘 먹을지 잘 모를 때 그중 하나를 선택하는 것도 좋은 방법이다. 주의! 처음에 나오는 치즈나 버터 등은 공짜가 아니다. 물론 먹으라고 내오는 것이지만, 굳이 원하지 않

01 03
02

01. 02 비파나. 대부분 마늘이 들어간 양념에 절인 돼지고기를 구워 빵 사이에 끼워주고, 머스터드
　　를 뿌려 먹기도 한다. 한국인 입맛엔 좀 퍽퍽할 수도 있는데, 포르투갈의 맥도널드엔 맥비파나
　　라는 메뉴가 있을 정도로 대중적인 음식이다.

03 장기 투숙하는 외국인 관광객이 많은 알가르브 지방의 한 구멍가게에서 팔던 피리피리. '핫'하
　　다는 것 때문에 이런 이름을 달고 파는 듯하다.

는다면 애초에 직원에게 돌려보내면 된다.

빵과 올리브는 식당마다 조금 다른데, 어떤 곳은 따로 계산하고, 어떤 곳은 음식 값에 포함돼 있다. 따로 계산하더라도 1유로 안팎이므로 음식과 함께 먹는 것도 나쁘지 않다(혹여 음식이 약간 짜다면 빵을 먹어가며 간을 맞추면 된다). 뭘 먹을지 정하지 않았더라도 일단 음료를 먼저 주문한다. 대부분 비뉴 틴투(레드와인), 비뉴 브랑쿠(화이트와인), 세르베자(맥주), 아구아 셍 가스(물), 아구아 콩 가스(탄산수), 아니면 각종 탄산음료 중에서 고르면 된다. 직원이 음료를 가져다주길 기다리며, 음식을 고르자. 물론 한국처럼 빨리빨리 진행되진 않으니 약간의 인내심이 필요하다. 포르투갈에 왔으니 포르투갈의 리듬으로 사는 것이 정신 건강에 좋다.

메뉴판은 대부분 고기와 생선으로 나뉘어 적혀 있고, 후식류, 그리고 마지막으로 와인이나 음료 목차가 나와 있는 것이 보통이다. 고기나 생선의 주요리는 대부분 샐러드나 쌀, 감자 등과 함께 곁들여 먹는데, 음식 이름에 '쌀을 곁들인 도미 숯불구이'라는 식으로 나와 있기도 하고, 아니면 단순히 '구운 대구 요리'라고만 나와 있는데 굽거나 삶은 감자가 함께 나오는 경우도 있다.

대부분의 테이블에는 올리브유와 식초가 놓여 있다. 샐러드엔 소금 약간, 식초와 올리브유를 둘러서 먹고(아예 주방에서 양념이 되어 나오기도 한다) 곁들여 나오는 구운 감자 같은 것에도 올리브유를 뿌려 먹곤 한다. 다른 지중해 국가들과 마찬가지로 포르투갈 음식에 올리브유는 필수다. 매콤한 맛이 당긴다면 직원에게 피리피리piri-piri를 부탁하자. 작고 매운 고추를 올리브유, 위스키 등에 담가 매운맛을 우려낸 핫 소스인데, 포르투갈 전역에 걸쳐 피리피리가 없는 식당은 없다. 포르투갈인들이 의외로 매운 음식을 잘 먹는 편인데, 이 소스에 적응이 되어 그런 것 같다.

주요리를 주문하고, 음식을 다 먹으면 후식이나 커피를 주문할 것인지 물어볼 것이다. 단 음식이 들어갈 배가 남아 있다면 후식을, 이미 너무 많이 먹었다면 커피만 주문한다. 이 장의 제목이 포르투갈 사람처럼 먹고 마시기이므로, 식사 후 에스프레소 커피 한 잔은 기본이다. 혹은 주말의 느긋한 식사라면, 식사 후 마시는 리큐르 종류의 술을 주문할 수도 있다. 보통 소화를 도와준다고 여겨 식후에 마시는 독한 술인데, 포르투갈인들은 주로 아구아르덴트aguardente를 주문한다. 엄지손가락만 한 작은 술잔에 40도 정도되는 독주가 나온다. 아구아르덴트라는 이름 자체가 '불타는 물'이라는 뜻이니, 술에 약한 사람들은 잘 생각해보고 시키시라.

계산서는 콘타conta라고 한다. 테이블로 계산서를 가져다주면 현금 또는 카드로 계산하게 되는데, 포르투갈은 직불카드를 많이 쓰므로 일반 신용카드는 안 받는 곳도 종종 있다. 팁은 테이블당 1, 2유로 정도 놓고 나오면 충분하다. 대부분 포르투갈 직장인들이 간단하게 6~8유로 내외로 점심식사를 할 때는 팁을 거의 내지 않는다. 카페나 스낵바처럼 간단한 식사를 하는 곳에서도 마찬가지다.

포르투갈의
대표 음식

포르투갈에서 맛보면 좋을 음식 몇 가지를 소개한다. 포르투갈을 찾는 이들이 맛집 소개를 많이 부탁하는데, 의외로 뾰족한 답을 내기 어려웠던 경우가 많다. 맛집이 없어서가 아니라 내가 알고 있는 맛집은 포르투갈인에게 소개받거나 포르투갈인 남편의 단골집인 곳이 대부분이기 때문이다. 그리고 포르투갈 현지인이 가는 맛집은 대부분 관광객이 찾아가기 힘든 동네에 자리 잡고 있다. 심지어 어떤 집은 주변에 풀밭만 펼쳐져 있고 그 풀을 뜯는 말 몇 마리와 왕복 2차선 찻길 하나 달랑 있을 정도로 외진 곳에 있는데도 주말엔 자리가 없어서 한참 기다리기도 한다(이 점이 포르투갈인들이 먹는 것에 시간과 공과 돈을 많이 들인다고 말한 이유 중 하나다). 또한 리스보아 시내에 있는 그럴싸한 레스토랑들은 예약을 해야만 들어갈 수 있는 곳도 많은데, 점심 한 끼 먹으려고 예약까지 한다는 것도 번거롭기 짝이 없다. 그러다 보니 이 골목길에 가면 괜찮은 식당이 몇 개 있어요, 하는 식으로만 두루뭉술한 정보를 주고 만다. 그래서 차라리 식당을 추천하기보다 음식을 추천하는 편을 택하곤 했다.

대구(바칼랴우bacalhau) 요리

포르투갈의 국민 음식은 대구다. 우리나라의 설날과 추석에 맞먹는 포르투갈 명절인 부활절과 크리스마스 식탁엔 반드시 대구 요리가 오른다. 우리네 명절 선물의 대표 주자가 갈비 세트이듯, 포르투갈의 회사원은 통통한 말린 대구의 중간 토막 한 상자를 선물로 받아 온다. 대구로 만드는 요리의 종류가 천 가지를 훌쩍 넘는다고 하니, 이들의 대구 사랑은 꾸준하다. 그러나 놀랍게도 대구는 포르투갈 인근 바다에서 잡히는 생선이 아니다. 예전엔 잡혔는데 기후 변화로 이젠 안 잡히는 것이 아니라 옛날부터 먼 바다에서 나는, 소금에 절이고 말린 생선을 즐겨 먹었던 것이다.

집 근처에서 나지도 않는 음식을 왜 이토록 열심히 먹었을까? 그 이유는 포르투갈인들이 바다에서 삶의 방법을 찾곤 했다는 사실을 떠올리면 된다. 10세기부터 스칸디나비아의 상선들이 소금을 사러 포르투갈에 드나들었는데, 이때부터 포르투갈인들은 북대서양의 바다에 대해 알고 있었을 것이고 12세기엔 산슈 1세의 딸이 덴마크의 왕과 결혼하는 등 북대서양 국가들과의 교류도 잦았다.

대구에 대한 역사적인 기록으로 가장 오래된 것은 14세기 중반 무렵에 페

01 펼쳐서 염장하고 말린 대구. 포르투갈 시장에서는 이런 대구를 잘라서 무게를 달아 판다.

02 바칼랴우 아사두Bacalhau assado. 마른 대구를 물에 불린 뒤 올리브유와 마늘을 넣고 오븐에 구운, 가장 쉽게 만날 수 있는 대구 요리. 보통 굽거나 삶은 감자와 함께 먹는다.

03 옥수수 빵인 브로아의 빵가루를 얹어 구우면 바칼랴우 아사두 콩 브로아Bacalhau assado com broa가 된다.

04 바칼랴우 콩 사보레스 칼데이라다bacalhau com sabores de caldeirada. 직역하면 해물탕 맛 대구 요리라는 뜻. 대구를 구운 후 칼데이라다 소스를 얹은 요리. 칼데이라다는 여러 해물과 양파, 토마토 등을 넣고 끓인 냄비 요리다.

05 바칼랴우 아 브라스Bacalhau à Brás. 잘게 찢은 대구에 튀긴 감자와 양파, 달걀 등을 섞은 요리. 대구의 강한 맛에 익숙하지 않은 대구 요리 초보자가 먹어볼 만한 요리다.

06 파타니스카스 드 바칼랴우Pataniscas de bacalhau. 대구살과 달걀, 밀가루 등을 반죽해 튀긴 포르투갈 식 대구 전. 메인 요리로 먹기도 하고 작게 만들어 전채로 먹기도 한다.

드루 1세가 잉글랜드의 에드워드 2세와 맺은 조약이다. 리스보아와 포르투의 어선이 잉글랜드 해안에서 대구를 잡을 수 있도록 허용한다는 내용이었다. 이후 15세기에 테라노바Terra Nova(현재 캐나다 동부의 뉴펀들랜드 섬)에 포르투갈의 배가 도달하면서 대구 어획량은 크게 늘었고, 먼 포르투갈로 돌아갈 때까지 상하지 않도록 소금을 뿌리고 말려서 운반하게 되었다. 그러나 16세기에 포르투갈이 스페인에 합병되면서 포르투갈 어선의 활동이 크게 줄었고, 잉글랜드가 테라노바의 소유권을 주장하면서 포르투갈의 어선은 대구 잡이를 나갈 수 없었다. 그러다 다시 직접 대구를 잡아 오게 된 것은 20세기가 되어서였다. 현재 포르투갈에서 소비되는 대부분의 대구는 노르웨이 산이다.

이러한 전통적인 이유로, 요즘은 분명 말리지 않은 생대구를 먹을 수 있는 보관 기술이 있을 텐데도 포르투갈 사람들은 염장해서 말린 대구 요리를 선호한다. 대구의 두께에 따라 이삼 일을 찬물에 담가놓고, 몇 번씩 물을 갈아가면서 소금기를 적당히 제거해 말린 생선을 다시 부풀어 오르게 만든다. 대구 요리의 성공 비법은 말린 대구를 얼마나 적당히 물에 불리느냐다. 너무 조금 불리면 짜고, 너무 오래 불리면 육질이 퍼석거린다. 쫄깃하면서 적당히 짭짜름해서 특유의 풍미가 더 강하게 느껴지는 대구의 맛은 포르투갈인의 뼛속 깊숙이 자리 잡은 기억의 일부분이다. 외국에 오랫동안 있었던 한국인이 김치찌개 냄새에 홀리듯, 외국에 나간 포르투갈인들이 고향을 생각하며 찾는 음식이 바로 대구다.

정어리(사르디냐sardinha) 요리

포르투갈의 여름은 사르디냐 굽는 냄새와 함께 시작된다. 포르투갈인들은 사르디냐를 달 이름에 r자가 들어가지 않는 달, 즉 5월부터 8월 사이에 먹어야 한다고 말한다. 그때가 가장 사르디냐가 기름지고 맛있다는 이유에서다. 포르투갈의 날씨가 가장 빛나는 시기에 먹는 음식이기 때문에 포르투갈인들에게

01
02

01 숯불에 구운 정어리 사르디냐 아사다와 감자, 구운 피망. 여기에 와인 한 잔이면 초여름의 완벽한 식사다.

02 코임브라 중세 축제에서 중세식 복장을 하고 사르디냐를 굽는 모습.

01 리스보아 아우구스타 거리의 밀레니움 bcp 재단 전시장, 2012년 전시.
02 출입구 표시도 사르디냐 디자인.
03 전시된 사르디냐 디자인.
04 라파엘 보르달루 피녜이루의 디자인으로 만든 다양한 모양의 사르디냐 도기 인형.

01 03
02 04

사르디냐는 단순히 한철 음식이 아니라, 여유롭고 풍족한 여름의 다른 이름이면서 일 년 중 몇 달을 함께 보내는 친근한 존재다.

사르디냐가 제대로 빛을 발하는 것은 6월이다. 6월 13일은 리스보아의 수호성인 안토니오, 6월 24일은 포르투의 수호성인 세례자 요한의 축일이고, 6월 29일은 베드로와 바오로의 축일이기 때문에 포르투갈의 6월은 내내 축제다. 그리고 이 축제 때 빠질 수 없는 것이 사르디냐다. 아버지들은 집 앞 골목길에 숯불을 내놓고 생선을 석쇠에 굽다가 일층 창문으로 다 구워진 사르디냐를 건넨다. 집 안 부엌엔 이미 신선한 샐러드와 갓 익힌 포슬포슬한 감자가 준비되어 있을 것이다. 이 식탁에도 올리브유는 필수다. 리스보아와 포르투 구시가지의 골목골목은 길에 테이블과 의자를 내놓은 레스토랑으로 가득 차고, 소금을 척척 뿌려 구운 사르디냐는 6마리, 12마리씩 손님들의 식탁에 놓인다. 이 가느다란 생선뼈를 포크와 나이프로 발라 먹고 있노라면 젓가락으로 바르면 훨씬 잘 될 것 같은데, 하는 생각이 들지만, 냉동하지 않은 신선한 사르디냐는 의외로 가시를 바르기도 쉽다. 싱싱하고 제대로 구워진 사르디냐는 나이프만 탁 갖다 대도 은빛 껍질과 고소한 육질이 좍 벌어질 정도로 잘 분리된다.

지역 축제가 벌어지는 장소에선 서서, 혹은 다니면서 먹을 수 있도록 납작하게 자른 빵 위에 구운 정어리 한 마리를 올려서 팔기도 한다. 포르투갈인들의 사르디냐 사랑은 매년 치러지는 사르디냐 디자인 경연대회에서도 엿볼 수 있다. 매해 사르디냐를 기발하게 디자인해서 제출한 작품 중 출품작을 뽑고 전시하는데, 여름이면 리스보아의 밀레니움 bcp 갤러리에서 볼 수 있다.

카타플라나 cataplana

스페인에 해물 파에야가 있다면 포르투갈엔 카타플라나가 있다. 단순히 해물을 사용한다는 점 때문이 아니라, 파에야처럼 카타플라나도 음식을 하는 용기의 이름이 요리의 이름과 같은 경우다. 알가르브 해안 지역에서

01   02
03   04

01 포르투갈 식 해물탕, 카타플라나.
02 갑오징어 튀김, 쇼쿠 프리투. 세투발 구시가지의 명물이다.
03 새끼 돼지 구이, 레이탕. 겉껍질은 바삭하고 속살은 부드럽다.
04 레이탕 샌드위치. 레이탕 한 접시의 가격이 부담스럽다면, 간단히 샌드위치로 먹을 수도 있다.

쉽게 만날 수 있는 이 요리는 새우, 조개, 오징어, 가리비 등의 싱싱한 해산물과 감자와 약간의 채소를 넣고 익힌, 국물이 살짝 자작한 포르투갈 식 해물탕이라고 보면 되겠다.

쇼쿠 프리투 Choco frito

쇼쿠는 갑오징어다. 석쇠에 구워서 먹기도 하고, 익힌 후 갑오징어의 먹물과 올리브유, 마늘, 생 파슬리를 섞은 소스에 무쳐 먹기도 하지만, 내가 제일 좋아하는 건 튀김이다. 그래봤자 오징어튀김 아닌가 할 수도 있지만, 오징어와는 다른, 갑오징어 특유의 통통하고 쫀득한 질감 때문에 내겐 어느덧 주기적으로 한 번씩 먹어줘야 하는 음식이 되었다. 아주 살짝 매운맛이 감도는 튀김옷에 얼마나 바삭함을 유지하도록 튀겼느냐가 관건. 두툼한 갑오징어의 살을 부드럽게 하기 위한 특별 비법이 있다는데, 그것까진 아직 알아내지 못했다. 샐러드, 튀긴 감자와 함께 곁들여 먹는다. 사두Sado 강이 흐르는 도시 세투발Setúbal 구시가지에 가면 쇼쿠 프리투를 파는 레스토랑들이 죽 늘어서 있을 정도로 세투발의 명물 요리다.

레이탕 leitão

포르투갈의 음식을 소개하다보니, 너무 개인적인 입맛이 드러나는 것 같아 좀 민망해진다. 해산물 소개는 이쯤으로 하고, 고기반찬 없이는 식사를 안 하는 이들을 위한 음식도 소개한다. 레이탕은 어린 돼지를 통으로 꼬치에 꿰어 구운 음식인데, 적당히 잘라 올리브유와 후추, 소금 등이 들어간 소스를 얹고, 샐러드와 감자튀김 등과 함께 먹기도 하고, 점심시간의 간단한 식사를 위해서는 레이탕 한 조각을 빵 사이에 끼워서 가벼운 끼니로 먹기도 한다. 겉껍질은 바삭하고 속살이 부드러울수록 잘하는 식당이다. 어린 돼지까지 굳이 먹어야 하는가, 하는 윤리적인 고뇌만 아니라면 꼭 먹어볼 만한 포르투갈 음식이다.

01
02
03

01 프란세지냐.

02 포르투갈 식 통닭구이, 프랑구 아사두.

03 코지두 아 포르투게사. 쇠고기, 돼지고기, 소시지, 피순대, 배추, 무, 당근 등의 채소와 콩 등을 삶
    은 요리.

포르투갈의 식당 메뉴에서 자주 볼 수 있는 것으로 '1/2 dose', '1 dose'라는 것이 있다. 1 dose('우마 두즈'라고 읽음)는 한 번 먹을 수 있는 음식의 분량을 말한다. 보통 둘이서 식사한다고 봤을 때, 레이탕 1 dose + 샐러드 + 감자튀김, 이 정도로 주문하면 양 많은 사람 둘이 넉넉히 먹을 만한 분량이 나온다. 레이탕 엔 보통 탄산이 들어간 레드와인인 비뉴 프리잔트^{vinho frisante}를 곁들인다.

프란세지나 ^{francezinha}

포르투와 북부 지역을 대표하는 음식 중 하나. 식빵 사이에 소시지, 햄, 링구이사(포르투갈 소시지의 한 종류), 구운 쇠고기나 돼지고기 등을 겹겹이 넣고, 치즈를 빵 위에 얹어 녹인 뒤 그 위에 토마토가 베이스인 소스를 끼얹는다. 달걀프라이나 감자튀김 등과 함께 먹기도 한다. 프랑스 식 샌드위치인 크로크무슈를 포르투갈 식으로 변형시킨 것이 기원이라고 한다.

프랑구 아사두 ^{frango assado}

포르투갈어로 닭을 프랑구라고 한다. 닭을 반으로 갈라 양념을 발라가며 석쇠에 구운 음식이다. 우리나라의 옛날 통닭구이(꼬치에 꿰인 채 빙글빙글 돌아가던)와 비슷한 맛인데, 매운 소스인 피리피리와 함께 먹기도 한다. 배달 음식이나 테이크아웃 음식이 귀한 포르투갈에서 드물게 포장용 음식으로도 종종 팔 만큼 저렴하고 대중적인 음식이라고 할 수 있다. 맛있긴 한데, 그래도 난 가끔 우리식 닭튀김이 그립다.

코지두 아 포르투게사 ^{cozido à portuguesa}

쇠고기, 돼지고기, 닭고기, 쇼리수^{chouriço}(포르투갈 식 소시지), 파리네이라 ^{farinheira}(돼지고기를 먹지 않던 유대인들이 돼지고기 대신 밀가루와 여러 다른 재료를 넣어 쇼리수처럼 만든 소시지[●]), 모르셀라^{morcela}(피순대), 배추, 무, 당근 등의 채소와 콩 등을 삶은 요리이다. 지역에 따라 재료가 약간 달라지긴 하지만, 여러 종류의 고기와 채소가 들어간다는 점은 같다. 겨울에 많이 먹는 음식.

아호스 드 마리스쿠 arroz de marisco

각종 해산물과 육수를 넉넉하게 넣고 토마토소스, 쌀을 섞어 만든 요리이다. 포르투갈에선 쌀을 자주 많이 먹는데, 우리처럼 물만 넣고 지은 흰밥은 없고, 올리브유와 마늘, 토마토소스, 소금 등을 추가해서 요리하는 경우가 많다. 따라서 한국식(혹은 중국, 일본식)의 흰밥을 지어놓으면 백이면 백, 모든 포르투갈인들이 묻는다. "소금 넣는 거 잊었어?"(잊다니, 이건 원래 이런 거야) "아무것도 안 넣었어?"(아무것도? 쌀과 물을 넣었잖아?) 가끔 중국 친구와 대화할 때 "여기 사람들은 쌀 맛을 몰라. 제대로 지은 흰쌀밥이 얼마나 맛있는데!"라고 투덜댄다. 그러나 나름 포르투갈인들도 스스로 쌀 요리에 대한 자부심이 있는 터라, 가끔 "이봐, 쌀 요리 원조는 우리라고!" 하는 유치한 대화까지 오갈 때가 있다. 포르투갈 사람들이 그럴 만한 것이 유럽에서 포르투갈만큼 쌀을 많이 먹고 쉽게 먹을 수 있는 곳도 드물기 때문이다. 포르투갈인들은 거의 모든 생선이나 고기 요리에 감자나 샐러드만큼이나 쌀을 자주 곁들인다. 물론 우리가 먹는 흰쌀밥과는 쌀 종류도 다르고 요리 방법도 다르다.

그러나 아호스 드 마리스쿠, 해물 쌀 요리는 주요리에 곁들여 먹는 음식이 아니라 이 자체가 주요리다. 한국인들이 포르투갈을 여행할 때 많이 시식해보는 음식 중 하나인데, 포르투갈에서 먹어보고 그 맛이 그리운 이들, 포르투갈 식 쌀 요리가 궁금한 이들을 위해 포르투갈 식 해물 쌀 요리 레시피를 소개한다.

● 16세기 초 이베리아 반도에서 그리스도교로 개종한 유대인들은 개종의 진위를 증명하기 위해 돼지고기를 대중 앞에서 먹어야만 했다.

요리 비전문가가 보고 배운,
한국에서도 쉽게 만들 수 있는
아호스 드 마리스쿠

재료(4인분 기준)

각종 해물(새우, 오징어, 홍합, 조개,
문어 등 원하는 대로 혹은 있는 대
로)

쌀 2컵(종이컵)

양파 1개

마늘 4쪽

빨갛게 잘 익은 토마토 2개(야구공
만 한 토마토 기준)

생선육수(멸치육수 혹은 시판용)
안 불린 쌀 기준으로 쌀의 세 배.
생새우를 사용한다면 새우 머리
로 육수를 내도 좋다.

올리브유 약간

소금, 피리피리(핫소스), 고수나 생
파슬리 혹은 실파 약간

1   해물을 미리 손질해둔다. 홍합, 조개는 손질되어 냉동된 살을
    사용해도 되고, 생물일 경우 해감해둔다. 새우는 머리를 떼어
    내고 꼬리는 남긴 채 껍질을 벗긴다. 머리는 육수 낼 때 사용하
    면 좋다. 장식용으로 몇 마리는 껍질과 머리를 남겨두어도 좋
    다. 오징어는 링 모양으로 썬다.

2   잘 다진 양파와 마늘을 올리브유를 넉넉히 두른 냄비에 양파
    가 투명해질 때까지 익힌다.

3   껍질을 벗긴 토마토를 으깨거나 잘게 다져 2번 냄비에 넣는다.
    토마토가 단단하면 사과 껍질 깎듯 깎아도 되고(난 토마토 껍질
    을 늘 이렇게 깎는다), 칼자국을 낸 뒤 뜨거운 물에 살짝 담궜다
    가 꺼내면 쉽게 껍질을 벗길 수 있다. 이것저것 귀찮으면 홀토
    마토 캔을 사서 내용물을 잘게 자른다.

4   소금과 피리피리를 약간 넣고 중불에서 살짝 저어가며 익힌다.

5   쌀 추가. 우리나라와 달리, 포르투갈 쌀 요리는 쌀을 미리 불리
    지 않는다. 찰기 있는 쌀을 별로 안 좋아해서 그런 것 같다. 바
    닥에 붙지 않게 가끔 저으며 재료들이 어우러지도록 1분 정도
    익힌다. 육수 추가. 중불에서 10분 정도 끓인다. 나는 이 요리
    에는 카롤리나라는 종류의 쌀을 주로 사용하는데, 찰기가 약
    간 부족한 것 빼곤 우리나라 일반 쌀과 그럭저럭 비슷한 맛이
    난다.

6   쌀의 겉은 투명하고 중간에 흰색 심이 점처럼 약간 남아 있는
    상태가 되면 각종 해물 추가. 한번 끓으면 약불로 줄인다. 가끔
    저어주는데, 너무 자주 저으면 죽처럼 걸쭉해지므로 주의한다.

7   포르투갈 식 해물 쌀 요리는 물기가 어느 정도 있는 상태로 먹
    는 것이 보통이므로, 취향에 따라 물이나 육수를 더 추가해도
    좋다. 단, 중간에 추가할 때는 뜨거운 상태로 넣어야 쌀이 퍼지
    지 않는다.

8   간을 본 후, 취향에 따라 소금 추가.

9   불을 끈 후 마지막으로 고수나 생 파슬리의 잎 부분을 잘게 다
    져서 얹는다. 포르투갈 해물요리엔 종종 고수나 생 파슬리가
    들어가는데, 이 향을 싫어하면 실파를 다져서 얹어도 좋다.

10 피리피리와 잘 어울리므로 취향대로 추가하도록 피리피리를
    따로 내놓아도 좋다. 와인 한 잔은 필수.

포르투 와인과
비뉴 베르드

포르투갈의 음식을 소개하다보니, 포르투갈 식탁의 단짝친구, 와인을 소개하지 않을 수가 없다. 포르투갈 와인 중 국제적으로 많이 알려진 것은 포르투 와인으로, 우리나라에서도 어렵지 않게 구할 수 있는 종류는 이 종류인 것 같다. 도루 강변에서 나는 포도를 재료로, 빌라 노바 드 가이아Vila Nova de Gaia에서 만들어지지만 이름은 그 맞은편의 도시 포르투의 이름을 따서 포르투라고 불린다. 포르투 와인은 포도주가 완성되기 전에 숙성을 중단하고 알코올 도수가 높은 리큐르를 추가하므로 포도의 당분이 알코올로 모두 바뀌기 전에 제작과정이 끝나게 된다. 그러므로 포르투 와인은 일반 와인보다 더 달고, 도수는 19~22도 사이로 일반 와인보다 더 높다.

포르투 와인이 생겨난 경위는 보통 17세기에 영국 상인들이 포르투 지역 와인에 브랜디를 섞어 와인이 상하지 않도록 처리해 영국으로 구입해 가면서 생겼다는 설과, 혹은 그보다 더 오래전인 15, 16세기에 포르투갈의 뱃사람들이 먼 바닷길을 떠나면서 와인을 잘 보존하기 위해 같은 방법으로 제작했다는 설이 있다. 포르투 와인 발명의 진위는 확실치 않지만, 이 와인이 포르투갈 내에서보다 해외에서 훨씬 인기가 있는 것은 확실하다. 포르투 와인은 단맛이 강하기 때문에 식사 중에 마시지 않고 식전 혹은 디저트용으로 마시는 것이 보통이다. 포르투 와인처럼 당도와 알코올 도수가 높은 와인으로 마데이라 와인, 세투발 지역의 모스카텔 와인 등이 있다.

포르투 와인 말고, 도루 강변의 포도로 만드는 일반 와인은 포르투갈 와인 중에서 가장 품질이 좋은 제품일 것이다. 같은 강을 스페인에서는 두에로 강이라고 하는데, 스페인 산 두에로 지역의 와인 역시 높은 평가를 받는다.

01
02

01 테일러의 포르투 와인.
02 그라함 와인의 포르투 와인 저장소.

빌라 노바 드 가이아에서 만들어지는
포르투 와인

크로프트   칼렘   산드만

마데이라 제도의 강화 와인

마데이라 와인은 포르투 와인처럼 당도와 알코올 도수가 높아서 오래 묵은 빈티지 와인이 많다.

도루 강변의 포도로 만드는 와인

도루 DOC 와인들

도루 강변의 포도밭

알렌테주 지방의 와인

알렌테주 지방 곳곳에서 만날 수 있는
와인 루트 이정표

알렌테주 와인

비뉴 베르드

비뉴 베르드를 만드는 포도는 높은 울타리를 타고 올라가 열리므
로 보통 사다리를 사용해서 수확한다. 이 지역 포도 재배 농가는
대체로 소규모인데, 이들이 포도나무 밑에 채소를 키우면서 비롯
된 전통이다. '비뉴 베르드'라는 용어는 포르투갈의 미뉴 지방에
서 생산된 와인에만 붙일 수 있다.

상큼하고 가벼운 비뉴 베르드

알바리뉴 품종의 비뉴 베르드

도루 와인만큼 명성이 높지는 않지만 포르투갈 사람들이 즐겨 마시는 술은 알렌테주 지방 와인이다. 포르투갈 내에서 생산량과 소비량 1위가 바로 알렌테주 포도주다. 알렌테주 지방을 차로 지나가다 보면 와인 양조장과 포도밭을 자주 만날 수 있는데, 아무래도 포르투갈 와인은 국내에서 대부분 소비되다보니 프랑스 산 와인처럼 국제적으로 알려질 기회(?)는 갖지 못했다. 포르투갈 와인 산업이 대부분 내수용이기도 하고, 일부 몇몇 나라의 와인처럼 그럴싸한 포장과 광고를 멋지게 하는 스타일도 아니다. 그러나 포도주를 생산하는 유럽 나라들 중 비슷한 수준의 와인을 가장 저렴하게 맛볼 수 있는 곳이 포르투갈이다.

　　포르투갈에서만 맛볼 수 있는 와인 중에는 비뉴 베르드Vinho Verde가 있는데, 도루 강과 미뉴 강 사이, 즉 포르투갈의 북부에 해당하는 곳에서 생산되는 포도로 만든 와인이다. '베르드'는 초록색이라는 뜻이지만 와인 색이 초록색은 아니다. 포르투갈 북부는 가을에 비가 일찍 오기 시작하는 곳이기 때문에 포도 수확을 포르투갈 남부보다 일찍 할 수밖에 없었다. 때문에 덜 익은(verde) 포도로 술을 만들곤 했기 때문에 이러한 이름이 붙었다고 한다. 덜 익은 포도라 당분이 낮고, 따라서 만들어지는 포도주의 알코올 도수도 8도에서 11.5도 사이로 낮다(알바리뉴alvarinho라는 품종만 유일하게 12도 넘는 비뉴 베르드 제작 가능). 지금은 포도 재배 방식이 현대화되어 다 익은 포도를 같은 시기에 수확할 수 있게 되었으나 여전히 이 지역에서는 예전처럼 비뉴 베르드를 생산한다. 이 지역의 토양과 재배하는 포도의 특수성으로 인해 특유의 상큼하고 가벼운 맛과 약간의 탄산 기운이 느껴져서 여름에 마시기에 좋은 와인이다. 현재 비뉴 베르드는 포르투갈에서 알렌테주 와인 다음으로 많이 소비되는 와인이고 비뉴 베르드로 인정받을 수 있는 지역과 포도 품종이 정해져 있다. 포르투갈을 찾는 외국인들에게도 자주 추천되는 술이다. 물론 비뉴 베르드에도 틴투와 브랑쿠(적포도주와 백포도주)가 있다. 처음 비뉴 베르드를 맛본다면, 알바리뉴 품종의 와인을 추천한다.

세르베자(맥주)

포르투갈인들도 맥주를 마신다. 더운 나라라는 특성 때문에 맥주가 미지근해지는 것을 방지하기 위해 맥주잔의 기본 크기는 200ml짜리로 작다. 병맥주 혹은 일반적인 맥주를 일컬어 세르베자cerveja라고 하고, 생맥주는 리스보아 지역에서는 임페리알imperial, 포르투 지역에서는 피누fino라고 부른다. 대부분의 나라에서 그렇듯이 포르투갈의 수도이자 제일 큰 도시 리스보아와 두 번째 도시인 포르투는 경쟁 관계다. 사람들이 쓰는 말의 억양이 다르고, 각 도시의 사람들은 서로 흉보기도 하며, 리스보아 축구팀과 포르투 축구팀의 경기가 있는 날은 이 조용한 포르투갈도 좀 시끄러워진다. 리스보아 사람들은 포르투 사람들이 입이 걸고 성당에만 나가 있는다고 한다. 포르투 사람들은 리스보아 사람들을 '모루mouro(무어인)'라고 부른다. 난 포르투갈어를 리스보아에서 배웠기 때문에 리스보아 식 단어들을 사용하고 있는데 한번은 포르투에 갔다가 나도 모르게 '임페리알'을 주문했다. 눈치가 그다지 빠르지 않은 나도 느낄 수 있을 정도의 '흠…… 그래, 리스보아에서 말을 배웠단 말이지' 하는 눈빛을 카페 종업원에게 받은 다음에야 아차 싶었다. 그냥 중립적인 단어로 세르베자를 주문했어야 하는 건데.

포르투갈의 대표 맥주 수페르복Super Bock과 사그레스Sagres. 포르투갈에서 식사에 곁들일 때나 바에서 주문해서 마실 때 일반적인 맥주잔의 크기는 200ml이다. 더운 날씨 때문에 미지근해진 맥주를 마시지 않기 위한 방법일 것이다. 슈퍼마켓에서도 250ml짜리 미니 맥주를 쉽게 볼 수 있다.

카페와
샤 프레투(홍차)

카페^{café}, 한국에서 에스프레소라고 하는 것을 부르는 말이다. 가장 기본적인 커피의 형태이자 커피를 뜻하는 포르투갈어, 그리고 포르투갈 사람들이 가장 많이 즐기는 형태의 커피는 바로 이 카페다. 이 역시 리스보아에서는 비카^{bica}라고 하고, 포르투에서는 심발리누^{cimbalino}라고 다르게 부른다. 작은 잔에 진하게 나오는 이 커피에 포르투갈 사람들은 설탕을 듬뿍 넣어 마신다. 작은 잔에 나온 카페에 우유를 약간 추가하면 핑가두^{pingado}, 이보다 좀 더 큰 잔에 우유와 커피를 담은 것은 메이아 드 레이트^{meia de leite}, 높이가 좀 있는 유리잔에 우유의 양을 늘려 나오는 커피를 갈랑^{galão}이라고 한다. 아메리카노는 아바타나두^{abatanado}라고 한다. 아메리카노라고 해도 우리나라의 커피보다 잔의 크기가 훨씬 작다. 그리고 포르투갈 사람들은 웬만해서는 차가운 커피를 마시지 않는다. 관광지에서는 아이스커피를 주문하면 커피와 얼음 잔을 따로 가져다주기도 하지만, 조금만 도시를 벗어나도 커피와 얼음은 쉽게 만날 수 있는 조합이 아니다.

이 외에 카페에서 쉽게 마실 수 있는 음료로는 샤 프레투^{chá preto}, 즉 홍차가 있다. 우리는 홍차라고 부르는 것을 포르투갈인들은 '검은' 차라고 부른다. 포르투갈인들이 16세기에 바닷길로 중국에 도달한 이후 중국의 차는 '샤^{chá}'라는 이름으로 포르투갈에 전파되었다. 1661년 잉글랜드의 찰스 2세와 결혼해 이듬해 남편의 나라로 건너간 카타리나 드 브라간사(주앙 4세의 딸)가 가져간 지참금은 어마어마했다. 인도의 봄바임(현재의 뭄바이), 북아프리카의 탕헤르를 가져갔기 때문이다. 또한 카타리나는 잉글랜드에 차와 마르멜라다^{marmelada}, 포크 등을 소개했다. 역설적으로 지금은 포르투갈에서보다 영국에서 훨씬 차를 많이 마시지만. 마르멜라다는 마르멜루^{marmelo}

01
02
03

01 카페, 비카, 혹은 심발리누.

02 메이아 드 레이트. 우유 반, 커피 반이라는 뜻.

03 갈랑. 아침식사 때 주로 마신다.

라는 포르투갈 식 모과를 잘게 갈아 설탕을 넣어 양갱 같은 형태로 만든 것이다(한국 모과처럼 마르멜루 역시 매우 단단하기 때문에 그냥 먹기는 힘들다). 잉글랜드로 건너가면서부터 마르멜라다는 오렌지나 레몬 같은 과일로 만든 잼을 뜻하는 마멀레이드가 되었다.

포르투갈의 카페 문화 중 내가 제일 좋아하는 부분은 천편일률적인 체인점 커피집이 드물다는 것, 그리고 일회용 용기를 사용하지 않는다는 점이다. 물론 커피 가격도 저렴하다. 내가 한국 카페 문화에서 가장 불만스러운 것은 당연하다는 듯 일회용 컵을 사용한다는 점이었다. 물론 환경 문제도 당연히 있다. 그러나 난 뜨거운 음료는 따뜻하게 데워진 잔에 마셔야 한다고 믿는 사람이다. 입술이 잔에 닿을 때부터 따뜻한 기운이 느껴져야 내 혀와 식도도 따끈한 음료를 받아들일 준비를 할 텐데, 차갑지도 따뜻하지도 않은 그 밍밍한 종이에 입술이 닿고 난 뒤 마시는 뜨거운 커피는 괴상하다. 포르투갈에 그 거대한 미국의 커피 체인점이 더 이상 들어오지 않길 바라며(아예 없는 것은 아니고, 몇 군데 드물게 있다), 지금처럼 계속 커피는 따끈하게 데워진 잔에 마셨으면 좋겠다.

포르투갈의
과자

아침식사 대용으로도 먹고 후식으로도 먹는 단 음식들을 뭐라고 불러야 할까? 포르투갈의 제과류는 우리가 보통 케이크나 과자라고 부르는 형태가 아닌 것도 많고, 파이처럼 생기지 않은 것이 대부분이며 빵은 더욱 아니다. 포르투갈에서 빵pão이라고 부르는 것은 모두 식사용 빵, 즉 설탕이 하나도 들어가지 않은 것이다. 설탕이 조금이라도 들어간 것은 볼루bolo라고 부

01
02

01 우리나라에는 에그 타르트로 알려진 파스텔 드 나타.
02 신트라의 명물 과자 트라베세이루.

른다. 그래서 나는 이 단것들을 그냥 뭉뚱그려서 과자라고 부르겠다.

포르투갈 과자의 특징은 달걀과 설탕을 많이 사용한다는 것이다. 수도원에서 달걀흰자는 수도복을 빳빳하게 만드는 데 사용하고, 남은 노른자로는 과자를 만들었는데, 이렇게 시작된 수도원 식 과자 두세스 콘벤투아이스 doces conventuais부터 우리나라에도 많이 알려진 파스텔 드 나타pastel de nata(보통 에그 타르트라고 하는 것), 신트라의 명물 과자 트라베세이루travesseiro까지 대부분 달걀노른자와 설탕이 기본 재료다. 이렇게 설탕을 듬뿍 사용하게 된 것은 음식이 잘 상하지 않도록 하기 위한 것도 있지만, 포르투갈이 15세기 마데이라 제도에서 설탕 재배에 성공하면서 설탕이 풍족했다는 이유도 있을 것이다.

포르투갈은 나라의 크기는 작지만 그에 비해 지방색이 강한 편인데, 이것은 과자류에서도 드러난다. 내가 케이크나 과자류를 좋아한다는 것을 간파하고 일부러 그런 것인지, 아니면 다른 포르투갈인들도 외국인들에게 포르투갈을 관광시켜줄 때 그러는지는 모르겠지만 나의 포르투갈인 짝꿍은 나를 데리고 여행을 갈 때마다 그 지역의 전통 과자를 소개해주었다. 음식이나 술뿐만 아니라 단것들이 지역마다 다르다니 아, 이 얼마나 아름다운 풍경인가! 쌉쌀하고 진한 커피 한 잔과 그 동네만의 과자를 먹다보면 아무리 소박한 마을이라도 훌륭한 인상을 간직하고 떠나게 된다. 그런데 의외로 그곳을 떠나면 같은 맛을 찾기가 쉽지 않았다. 그걸 안 다음부터는 어느 동네에서 어떤 과자가 맛있으면 충분히 먹어두는 버릇이 들었다. 설탕을 이렇게 많이 먹는데 살 안 찌나? 건강에 괜찮나? 싶지만, 포르투갈은 일반 음식엔 전혀 설탕을 쓰지 않는다는 점이 우리나라 음식 문화와 다르다. 살 걱정은 잠시 미뤄두고, 방문하는 도시와 마을의 파스텔라리아pastelaria(제과점)에서 가장 유명한 과자가 뭔지 물어보고 하나씩 먹어보자. 아무것도 없는 것 같은 작은 마을도 꽤 달라 보일지도 모른다.

01 신트라의 케이자다queijada. 기본적으로 치즈가 약간 들어가
고, 오렌지 맛, 아몬드 맛 등 다양한 케이자다가 있다.

02 빵드로pão de ló. 스페인 카스티야 지방의 케이크와 함께 일본
식 카스테라의 기원이 되었다는 케이크. 여러 스타일이 있지
만 난 이렇게 크림 같은 질감이 살아 있는 빵드로가 좋다. 오
비두스 근처 작은 마을인 알페이제랑Alfeizerão에 있는 한 파
스텔라리아에 가면, 일본 관광객들이 단체로 그 집의 빵드로
를 먹으러 찾아오기도 한다.

03 알가르브 지방의 동 호드리구Dom Rodrigo. 색색의 은박지를
열면 실같이 가느다란 형태의 촉촉한 과자가 나온다.

04 아베이루의 오부스 몰레스ovos moles. 부드러운 달걀이라는
뜻. 역시 수도원 식 과자. 겉의 흰 껍질은 미사의 성찬식에서
쓰이는 성체와 같은 재료인데, 여러 모양으로 틀을 만든 뒤
달걀과 설탕이 주재료인 속을 채워 넣은 것이다.

05 세짐브라의 사르디냐sardinha. 세짐브라는 해변과 해산물로
유명한 작은 도시인데, 생선 이름을 따서 과자를 만들고 건
포도로 눈 모양을 만들었다.

01 02
03
04 05

포르투갈의 3F
파티마, 파두, 축구

파티마Fátima의 성모

1917년 5월 13일, 리스보아에서 북쪽으로 약 130킬로미터 떨어져 있는 파티마Fátima라는 작은 마을. 루시아, 프란시스쿠, 자신타라는 어린 목동 셋이 목초지의 너도밤나무 위에서 밝게 빛나는 아름다운 여인의 형상을 보았다. 이 여인은 목동들에게 자신이 로사리오(묵주)의 성모이며 매달 같은 날에 다섯 번 더 나타날 것이라고 예고했다. 마지막 성모 발현일인 10월 13일 정오경엔 수만 명의 사람들이 운집했고, 이들은 이날 내린 비로 온몸이 흠뻑 젖었다고 한다. 그러다 갑자기 태양이 여러 색깔로 빛나며 춤을 추듯 빙글빙글 돌았고, 순식간에 주변의 젖은 물체와 사람들이 강한 열기를 쬔 듯 바짝 말라버렸다. 로사리오의 성모는 기도를 많이 하고 회개할 것, 파티마에 자신을 위한 성당을 지을 것을 당부했다. 당시 9살과 7살이던 남매 프란시스쿠와 자신타는 1919년, 1920년에 유행한 스페인 독감으로 사망했다. 셋 중 나이가 가장 많았던(10살) 사촌 루시아는 장성한 후에 수도원에 입회했고 2005년까지 생존했다. 로사리오의 성모 혹은 파티마의 성모는 포르투갈 사람들에게 신앙심의 상징으로, 가장 사랑받는 성모로 남아 있다. 포르투갈 사람들이 노사 세뇨라Nossa Senhora(우리의 성모)라고 할 땐 이 파티마의 성모를 부르는 것이다.

파티마의 세 목동. 왼쪽부터 루시아, 프란시스쿠, 자신타.

요즘은 포르투갈만 여행하는 한국인도 많이 늘었고, 스페인+포르투갈 여행을 하기 위해 휴가를 내는 사람도 많다. 그러나 포르투갈에 대한 여행 정보가 적고 포르투갈을 찾는 한국인이 많지 않았을 때도 파티마를 방문하기 위해 포르투갈을 찾는 가톨릭 신자는 늘 있었다. 유럽의 유명한 가톨릭 성지 중 한 곳으로, 교황청이 공식적으로 인정한 몇 안 되는 성모 발현지 중 하나이기 때문이다. 나는 어릴 때부터 파티마의 성모에 대한 이야기를 알고 있었다. 그때 나의 의문은 '그 아이들은 왜 그렇게 허무하게 일찍 죽었을까'였다.

포르투갈에 와서 파티마도 가보고 그 근처의 마을들도 둘러본 후 깨닫게 된 것은, 20세기 초의 파티마와 지금의 파티마가 매우 다르다는 점이다. 지금은 이 성지에 웅장한 성당도 지어져 있고, 주변에 호텔과 레스토랑, 가게 등이 많기 때문에 20세기 초에 이곳이 얼마나 외딴 마을이었는지 짐작하기 힘들다. 그러나 파티마 외곽으로 조금만 벗어나면, 지금도 산 밑에 자리 잡은 집들이 옹기종기 모여 있고 목초지에서 양과 염소가 풀을 뜯는 모습을 쉽게 볼 수 있다. 백여 년 전의 이런 마을을 상상해보면, 그리고 목동이라는 직업이 가장 가진 것 없는 사람의 몫이었다는 것을 떠올려보면, 당시 세 아이들의 삶이 짐작이 된다.

예전에 난 목동이라고 하면 목가적인 풍경에서 동물들과 함께하는 한가로운 삶을 떠올렸었다. 그러나 어느 겨울날 산으로 난 국도를 지나면서 포르투갈의 실제 목동을 보고는 그 생각을 머리에서 지웠다. 21세기 목동들의 얼굴은 오랫동안 산의 찬 공기와 매서운 바람, 햇빛에 노출되어 발갛게 변해 있었다. 그들이 입고 있는 옷은 우리나라 등산객들의 첨단 복장과는 거리가 멀었다. 그러니 백 년 전의 세 아이들은 학교는 가보지도 못했을 터이고, 글 읽는 것도 배운 적 없었을 것이고(당시 성모 마리아가 나타나 당부한 내용 중엔 글을 배우라는 것도 있었다), 먹는 것, 입는 것 어느 하나 변변찮

01
02

01   파티마 성지.

02   루시아 수녀가 살던 방, 코임브라.

았을 것이다. 사는 곳은 춥고 습기 찬 돌집이었을 것이다. 이렇게 살던 아이들이 성모 마리아의 발현을 목격하고 세간의 주목을 잠시 받은 후, 당시 크게 유행한 독감에 걸려 그중 둘은 일찍 세상을 떠났다. 나는 파티마의 성모, 기적, 성모의 메시지 등은 줄줄 외워 알고 있으면서 이 어린아이들, 지금의 내 조카보다도 어린 아이들의 삶에 대해선 왜 한 번도 생각해보지 않았을까, 반성한다. 더불어 전 세계 가톨릭 신자들의 주목을 받으며 수도 생활을 했을 루시아의 삶(나 같은 보통 사람이 상상할 수 있는 삶이 아니겠지만)을 떠올려보면 뭔가 복잡한 감정이 드는 것이다. 행복했을까? 살아 있었더라면 여러 경험을 같이 나눴을 사촌동생들이 그립지 않았을까? 그 엄청난 경험을 지고 살아가기가 벅차지 않았을까?

지금도 세계 곳곳에서 가톨릭 신자들은 파티마를 찾아온다. 매년 5월이면 로사리오의 성모가 나타났던 5월 13일에 맞춰 파티마에 도착하기 위해 국도를 걷는 사람을 쉽게 만날 수 있다. 드물지만 무릎으로 걷는 고행을 하며 오는 이들도 있다. 오늘날도 파티마의 성모에게 기도하기 위해 켜놓은 촛불은 꺼질 줄을 모른다.

포르투갈의 정서가 담긴 노래,
파두Fado

포르투갈의 음악 중 국제적으로 가장 많이 알려진 파두Fado는 1800년대 초반 정치적 혼란기에 리스보아에서 시작되었다. 이 음악의 기원에 대해서 확실히 알려진 바는 없지만, 당시 브라질로 피난 갔다가 포르투갈로 돌아온 왕실의 영향으로 유입된 브라질과 아프리카의 음악적 요소가 포르투갈인의 음악에 합해졌을 것이라고 추정된다. 파두는 처음에 골목길, 술집, 투우 경기의 대기 시간에 연주되곤 했고, 실내와 실외를 가리지 않았다. 껄렁껄렁한 불량배나 한량들의 음악이었다가 점차 삶이 고단한 노동자와 선원들의 마음을 달래주는 수단이 되었다. 파두의 가사는 처음엔 무명작가의 구전으로 전해지는 노랫말이었으나 점차 대중적인 작가들과 문인들의 시까지 사용되었다.

파두에서 노래하는 내용은 대부분 '사우다드saudade'다. 사우다드는 세계의 여러 언어들 중 번역이 어려운 단어 중 하나라고 할 정도로, 포르투갈만의 정서가 담긴 단어다. 우리말로 표현하면 '그리움'이 가장 가까운 말일 것 같다. 한때 소유했거나 가까이 있었던, 그러나 지금은 멀리 있는 사람, 장소, 혹은 그 어떤 것에 대한 그리움과 상실감, 슬픔과 사랑이 모두 버무려진 말이 사우다드다.

포르투갈인들에게 이 정서는 대항해 시대부터 시작되었다. 고향을 떠난 뱃사람들의 향수, 낯선 땅에서 마주치는 먹먹한 슬픔, 포르투갈에 남아 떠나간 이를 기다리는 사람들의 감정이 사우다드다. 또한 한때 전 세계의 바다를 누비며 활동했다가 식민지를 점차 잃고 유럽 한쪽의 작은 나라로 남은 포르투갈인들이 영광스러웠던 시절을 돌이켜보며 느끼는 아련함이기도 하다. 땅에서 살길을 찾지 못해 바다로 나온 선원과 어부들, 가난과 정치적인 이유로 인해 고향을 떠나야만 했던 이들의 슬픔이기도 하다. 즉 포르투갈인은 어디에 살건 모두가 어떤 종류의 사우다드를 가슴에 품고 산다는 이야기다. 포르투갈어엔 '사우다드를 죽인다'라는 표현이 있다. 예를 들면 한국인인 내가 어디선가 김치를 구해 와서 먹는다면, 그것이 (한국 음식에 대한) 사우다드를 죽이는 것이다. 얼마나 사무쳤으면 사우다드를 없앤다고 하지 않고 죽인다고 했을까. 그러나 포르투갈 사람들은 사우다드와 함께 사는 방법을 알고 있다. 운명이라는 뜻의 파두를 부르고 들으며 사는 것도 그래서일 것이다.

01 03 04
02

01 주제 말료아 José Malhoa, 〈파두〉, 1910년. 리스보아 시 박물관 컬렉션. 현재 파두 박물관에 전시되어 있다. 20세기 초 식탁의 술잔, 의자에 걸터앉은 파두 가수의 껄렁한 자세, 가슴을 거의 드러낸 채 담배를 든 여인 등 파두가 불리던 장소나 그곳의 분위기를 상상할 수 있다.

02 코임브라 식 파두를 연주하는 음악가들. 악기 구성과 보컬, 늘 착용하는 검은 망토 등이 리스보아의 파두와는 다른 분위기를 풍긴다.

03 파두 가수와 기타리스트 동상, 리스보아.

04 공연 중인 파두의 여왕 아말리아 로드리게스, 1969년.

파두는 1930년대부터 아프리카와 브라질로 진출한 가수들에 의해 해외로 알려지기 시작했고, 결정적으로 1950년대부터 아말리아 로드리게스의 활동으로 인해 국제적으로 '포르투갈의 대표 음악'으로 자리 잡았다. 길거리 시중잡배의 노래로 치부되었던 파두의 격을 높여놓은 아말리아는 국내외에서 왕성하게 활동한 가수일 뿐만 아니라 포르투갈의 국가적인 아이콘이 되었다. 1999년 아말리아가 사망한 이후에도 파두는 여전히 포르투갈인의 정서 어딘가에 자리 잡고 있는 음악이다. 파두를 전혀 듣지 않던 한 포르투갈 지인은 고향을 떠나 독일에서 일을 하게 된 이후로 파두를 찾아 듣게 되더라고 했다. 젊은 파두 가수들의 활동도 활발하고, 신인 가수를 발굴하는 TV 프로그램엔 파두를 부르는 십대 소녀들이 등장한다. 아말리아라는 이름의 파두 전문 라디오가 있는가 하면, 여름이면 리스보아의 모라리아 거리엔 파두를 부르는 축제가 열리고, 알파마의 레스토랑에선 전문 파두 가수뿐만 아니라 아마추어 가객도 다른 사람들 앞에서 파두를 부른다. 그러나 음악을 글로 설명하는 것만큼 무용한 일이 있을까. 인터넷에서 무엇이든 찾을 수 있는 세상이니, 파두를 찾아서 들어보시길 바란다.

파두 박물관.

파두 박물관
Museu do Fado

테주 강가, 알파마 초입에 자리 잡고 있는 박물관. 파두의 유래와 역사, 파두에 쓰이는 악기 등에 대한 설명, 자료 영상, 공연 의상, 파두가 주제인 미술 작품 등을 한자리에서 만나볼 수 있다. 여러 파두 가수들의 대표곡을 들어볼 수 있는 청취실도 있다.

🏛 Largo do Chafariz de Dentro, 1, Lisboa
🕙 10:00~18:00
🌙 매주 월요일, 1월 1일, 5월 1일, 12월 25일
🎟 5유로(오디오 가이드 포함)
www.museudofado.pt

01
02

01   파두 박물관 내부. 파두의 역사 초기부터 현재까지의 파두 가수들의 사진이 걸려 있다. 가수마다 어깨에 적힌
     번호를 누르면 그 가수의 노래를 오디오 가이드에서 들어볼 수 있다.

02   파두 기타. 둥근 몸체에 줄이 열두 개다. 포르투갈 사람들은 파두 기타가 노래하거나 연주되는 것이 아니라
     '흐느낀다'고 한다.

아말리아 로드리게스 생가 / 박물관

Casa-Museu de Amália Rodrigues

파두의 여왕 아말리아 로드리게스가 1944년부터 1999년 사망할 때까지 살던 집을 박물관으로 개방한 곳이다. 18세기에 지어진 집이라고 한다. 가이드와 함께 입장해야 하는데, 가이드를 해주는 노부인들은 한때 아말리아와 함께 살고 일했던 직원들이다. 아말리아의 팬이라면, 궁금한 점을 그분들에게 질문해봐도 좋을 것 같다.

이 박물관이 있는 상 벤투 거리엔 흥미로운 골동품 가게들과 함께 포르투갈의 의회 건물이 자리 잡고 있다.

🏛 Rua de São Bento 193, Lisboa

🕐 화~일 10:00~18:00

💤 매주 월요일, 1월 1일, 5월 1일, 12월 25일

🎫 7유로

www.amaliarodrigues.pt

01
02

01 아말리아 로드리게스 생가/박물관.

02 아말리아 로드리게스를 표현한 제프 아에로솔 [Jef Aérosol]의 벽화, 리스보아.

축구Futebol,
팍팍한 삶의 활력소

축구. 내가 축구에 대해 무슨 얘기를 할 수 있겠는가. 대한민국을 들끓게 했던 2002년 월드컵 때도 시큰둥해하며 붉은 티셔츠 한 번 안 입어본 내가 말이다. 월드컵 정도밖에 몰랐던 내가 포르투갈 국내 리그, 타사 드 포르투갈(포르투갈 컵), 챔피언스 리그, 유로파 리그, 유럽 축구 선수권 대회(보통 열리는 연도를 붙여 유로 20★★ 라고 부른다) 등의 무수한 축구 경기들이 있다는 것을 알았을 때, 난 '아, 이건 내가 감히 알 수 있는 세계가 아니군' 하고 이해를 포기했었다. 그러나 유럽에서 사는 이상 축구의 영향력이 어떻게든 내게 미친다는 것을 경험으로 알고 있었다(마드리드에 살 때 레알마드리드가 FC바르셀로나에게, 게다가 홈경기에서 5대 0이라는 어처구니없는 점수로 패배한 적이 있었다. 그다음 날 카페 직원, 버스 기사, 심지어 고매해 보이던 대학 교수들까지 모두 매우 신경질적이었던 기억이 있다). 게다가 지금은 포르투갈에서 축구가 인생의 낙인 포르투갈 남자와 살다보니 (굳이 알고 싶지 않음에도 불구하고) 각종 축구 경기 스케줄을 꿰고 있게 되었다. 그러나 난 여전히 축구광들의 마음을 모른다. 포르투갈에 살고 있으니 옆에서 지켜볼 뿐.

종교가 힘을 잃은 유럽 대륙에서 축구는 한때 종교가 하던 역할을 이어받은 것 같다. 즐거움을 주고, 매일 대화거리를 주며 일 년 중 몇 번은 큰 행사가 있어서 사람들끼리 뭉치게 만든다. 물론 걱정거리도 준다. 축구 시즌이 끝나갈 때면 누가 어디로 이적한다느니, 어느 감독이 그만둔다느니, 이적료가 얼마라느니, 다음 시즌 우리 팀 구성이 별로라느니 등등으로 (어찌 보면 사소한) 걱정거리를 줘서 진짜 삶의 걱정거리를 잊게 만드는 것이다. 축구광들은 매일 축구 전문 일간지를 읽는다. 포르투갈에만 축구 전문 일간지가 세 개다. 문외한인 나로서는 도대체 이해가 안 되는 것이, 주간지나 월

간지도 아니고, 무슨 축구 경기 한 종목으로 그리 할 말이 매일 나온단 말인가. 덧붙여서 이웃나라 스페인의 축구 일간지까지 꼼꼼히 챙겨 읽는다(포르투갈 출신 선수가 스페인 리그에서 많이 활동하기 때문일 것이다). 축구광들은 다른 건 다 바꿔도 응원하는 축구팀만은 안 바꾼다고 장담한다. 뉴스나 신문을 펴면 포르투갈 경제가 어떻다느니, IMF가 어떻고, 실업률이 어떻고, 내년 세금 인상이 어떻고 하는 우울한 이야기만 나올 때, 그나마 팍팍한 삶을 잠시 잊고 어딘가에 집중할 수 있도록 해주는 것이 축구인 것이다.

이러한 축구의 특성은 독재 정부 시대인 신국가Estado Novo(1933~1974년, 1968년까지가 살라자르 치하였다) 시대에서 도드라진다. 1966년의 잉글랜드 월드컵 때 포르투갈은 처음으로 월드컵 본선에 진출했다. 국가대표팀은 검은 표범Pantera Negra이라고 불리던 에우제비우Eusébio의 활약에 힘입어 승승장구하며 4위의 성적으로 첫 월드컵 본선 진출을 마감했다. 당시 포르투갈은 다른 국가들과의 교류를 거의 차단하다시피 하며 독재 정부를 유지하고 있었고, 앙골라, 모잠비크 등 아프리카 식민지의 독립을 막기 위한 식민지 전쟁을 치르고 있었다. 이런 와중에 모잠비크에서 태어난 에우제비우의 활약으로 다른 여러 나라의 대표팀을 이기고 포르투갈이 훌륭한 성적을 거두었다.• 유럽의 포르투갈과 아프리카의 포르투갈이 함께 뭉치면 좋은 결과를 이끌어낼 수 있고, '긍지 있게 우리끼리orgulhosamente sós' 나아가자는 신국가의 모토가 옳다는 것을 축구가 보여준 것이다.

살라자르 시절, 그들이 포르투갈인의 이목을 독재정치로부터 돌려놓기 위해 활용한 것 중엔 앞에서 언급한 파두와 파티마도 포함된다. 길거리의

• 에우제비우의 활약으로 극적인 승리를 거둔 경기엔 포르투갈 대 북한 경기도 있었다. 0-3으로 북한의 승리가 눈앞에 다가왔을 때, 에우제비우가 무려 4골을 성공시켰다. 경기 결과는 5-3으로 포르투갈의 승리였다. 2014년 1월 에우제비우가 사망했을 때 그의 영웅적인 활약을 묘사한 다큐멘터리엔 이 경기의 장면이 등장했고, 나는 남한과 북한을 잘 구별하지 못하는 여러 포르투갈 사람들의 호기심 가득한 질문을 받곤 했었다.

01
02

01, 02 포르투갈의 대표적인 두 선수. 크리스티아누 호날두, 리스보아 벤피카 구장 앞에 설치된 에우제비우 동상.

음악으로 치부되었던 파두가 국제적으로 포르투갈의 대표 음악으로 우뚝 서고, 서서히 잊혀져갔던 파티마가 다시 주목을 받은 것이 모두 신정부 시절이다(물론 이 이론을 반박하는 역사도 있다. 정치적으로 신국가 체제가 축구, 파두, 파티마, 즉 포르투갈의 3F를 지원하거나 장려했다는 증거가 없다는 이유다). 포르투갈에서 '3F'라고 묶어서 이야기할 때 현지인들이 받을 수도 있는 부정적인 인상은 이런 이유 때문이다. 그러나 파티마, 파두, 축구는 여전히 포르투갈을 대표하는 이미지들이다. 한국인들은 파티마로 성지순례를 가고, 파두를 들을 때 우리의 '한'과 비슷한 정서를 느끼며, 알고 있는 포르투갈인 중 가장 유명한 사람도 크리스티아누 호날두와 주제 무리뉴 아닌가? 우리에게 알려진 포르투갈은 이 세 가지에 많이 빚지고 있다.

4백 년 전에 사라진 왕을
기다리는 사람들

이 책을 준비하면서 내가 가장 고민했던 부분이 바로 이 장이다. 햇살이 빛나고 사람들은 점잖고 친절하며, 춥지도 덥지도 않은 기후에, 긴 역사와 독특한 문화를 품고 있고, 느긋하게 살아도 아무도 뭐라고 하지 않는 나라 포르투갈에 대해서만 쓸 것인가. 아니면 한때 역동적으로 전 세계로 뻗어 나갔지만 지금은 유럽연합과 IMF의 경제 지원을 받는 작은 나라, 유럽의 변방 포르투갈에 대해서도 쓸 것인가.

나는 결국 어찌 보면 여행자들의 로망을 산산이 깨부술 수도 있는, 포르투갈의 나약한 면을 소개하기로 결정했다. 비단 포르투갈뿐만 아니라 전 세계의 모든 나라엔 소위 단점이라고 하는 면, 힘들거나 어두운 과거가 존재하며, 우리도 이 점에서 자유롭지 않다. 우리는 누군가의 약점을 보고 나를 돌아볼 수도 있고, 그를 더 잘 알게 될 수도 있고, 더 애틋한 마음으로 바라볼 수도 있는 것이니, 그렇게 나쁜 선택 같지는 않다. 게다가 '한때 잘나가던 포르투갈은 왜 쇠락했는가'라는 질문은 포르투갈에 관심이 있는 사람이라면 누구나 가질 수 있는 의문이기 때문이다.

앞서 '포르투갈과 스페인은 형제인가, 원수인가'에서 소개한 바 있는 세바스티앙 왕은 포르투갈의 열여섯 번째 왕으로, 1578년에 북아프리카의 알카세르-키비르 전투에서 스물네 살의 나이로 사망했다. 세바스티앙의 아버지는 주앙 3세의 여러 자녀 중 유일하게 성인이 될 때까지 살아남은 아들이었는데, 그 역시 아들 세바스티앙이 태어나기 며칠 전에 젊은 나이로 세상을 떠났다. 유복자로 태어난 세바스티앙은 할아버지 주앙 3세의 왕위를 세 살이 되었을 때 물려받았다. 따라서 그가 국정을 맡을 수 있는 나이가 될 때까지 주앙 3세의 부인인 할머니 카타리나Catarina de Austria와 작은할아버지인 엔히크 추기경이 섭정을 했다.

당시 포르투갈과 스페인은 서로를 견제하면서 정치적으로 활용하기 위해 사돈 관계를 맺었는데, 계속되는 친척간의 결혼으로 인해 세바스티앙 왕은 증조할아버지와 할머니가 모두 네 명밖에 없는 지경에 이르렀다(보통의 경우 여덟 명). 세바스티앙이 어릴 때부터 몸이 허약했던 이유를 계속되는 근친혼의 결과로 보기도 한다. 또한 어릴 때부터 할머니의 영향으로 매우 보수적인 종교 교육을 받았기 때문에 젊은 청년답지 않은 종교적 열정 혹은 광기 어린 면을 지니고 있었다. 또한 네 명의 증조부모 중 한 명이 널리 알려진 광녀 후아나*였기 때문에 그의 광적인 신앙심은 주변의 우려를 불러일으켰다. 얼마 후 그는 북아프리카의 이슬람교도들을 그리스도교로 개종시키고, 15세기 포르투갈의 영광스러운 시절을 되돌리겠다는 신념으로 북아프리카 원정을 무리하게 진행했고, 결국 그곳에서 사망했다.

북아프리카 알카세르-키비르 전투의 패배로 인해 포르투갈은 포로로 잡힌 귀족들과 기사들을 구하기 위해 엄청난 몸값을 지불해야 했고, 이로 인해 경제가 휘청거릴 정도였다. 그리고 2년 후엔 독립마저 잃고 말았다. 1580년부터 시작된 포르투갈과 스페인의 합병은, 단순히 스페인 왕 펠리페 2세가 두 나라의 왕위를 겸직했던 것이 아니라 포르투갈이 그동안 쌓아왔던 외교와 무역의 모든 것이 무너지는 것을 의미했다. 전통적으로 포르투

● Juana La Loca, 가톨릭 왕이라고 불리던 카스티야의 이사벨과 아라곤의 페르난도 부부 왕의 딸. 미남왕이라고 불리던 합스부르크 가문의 펠리페와 결혼했으나 때 이른 남편의 죽음은 안 그래도 불안정했던 후아나 여왕의 광기를 부채질했다. 남편이 죽은 뒤에도 매장을 하지 못하게 했다는 이야기가 널리 알려져 있다.

갈의 동맹국이었던 잉글랜드는 스페인의 적국이었다. 따라서 이제는 잉글랜드의 함대가 포르투갈과 포르투갈령을 침략하기 시작했다. 해적 출신의 영국 해군 제독 프랜시스 드레이크가 이끄는 함대가 테주 강에 들어와 리스보아를 위협하기에 이르렀다.

한편 네덜란드는 스페인에서 독립하기 위한 전쟁을 시작했는데, 이로 인해 지켜주는 군대가 없는, 한때는 포르투갈령이었던 아프리카와 아시아가 공격을 받았다. 스페인의 전쟁 유지를 위한 세금은 포르투갈 국민에게 가혹하게 매겨졌다. 1597년 네덜란드의 함대가 포르투갈 식민지인 상토메프린시페를 공격하는 것으로 시작된 포르투갈-네덜란드 전쟁은 자카르타, 마카오, 브라질, 루안다(앙골라의 수도), 말라카 등 아프리카와 아시아, 아메리카로 이어졌다. 1640년 포르투갈이 스페인으로부터의 독립을 천명하고, 외교관을 보내 더 이상 스페인과 한 나라가 아님을 주장했으나, 네덜란드는 스페인으로부터의 독립뿐만 아니라 해상 무역권까지 원했기 때문에 이후에도 포르투갈-네덜란드 전쟁은 계속되었다.

결국 아프리카와 브라질에서는 포르투갈의 권리가 인정된 반면, 아시아의 무역 거점은 대부분 네덜란드로 넘어갔다. 특히 향신료 무역의 중심지였던 말라카(현재 말레이시아의 믈라카)를 네덜란드에게 빼앗긴 것은 포르투갈 경제에 큰 타격을 주었다. 한편 포르투갈의 전통적 동맹국이었던 잉글랜드는 라이벌 스페인에 맞선다는 이유로 네덜란드를 지지했다.

유럽과 아시아 사이를 잇는 무역을 독점하다시피 해서 얻은 이익, 아프리카와 브라질에서 들어오는 재화로 인해 부유했던 포르투갈의 호시절은 서서히 끝나가기 시작했다. 포르투갈은 한때 유럽에서 가장 빠른 배를 보유하고 있었다. 그러나 17세기엔 잉글랜드와 네덜란드의 선박이 훨씬 빠르고 튼튼했다. 처음엔 포르투갈의 선박과 항해 기술을 배우던 이 후발주자들이 끊임없이 선박 개발, 항해 기술 발전에 투자했던 것에 비해 포르투갈은 무역에서 얻은 흑자를 기술 개발에 투자하지 않았다. 포르투갈의 경제는 15세기의 시스템 그대로 멈춰 있었다. 생산성이 떨어지고 노동의 가치는 낮았다. 무역 적자를 메워주는 것은 브라질에서 들어오는 금뿐이었다.

포르투갈의 경제에 타격을 주었던 것 중엔 15세기 말, 16세기의 유대인 추방도 있었다. 이웃 스페인은 1492년에 대대적으로 그리스도교로 개종하지 않은 유대인과 무어인을 추방했다. 처음엔 스페인에서 추방된 유대인들을 포르투갈로 받아들이는 것이 허용되었다. 당시 포르투갈로 유입된 유대인은 9만 명이 넘었다고 한다. 그러나 곧이어 상황이 달라졌다. 마누엘 1세는 스페인의 가톨릭 왕 이사벨과 페르난도의 딸과 결혼했는데, 이 부부 왕은 마누엘 1세를 사위로 삼는 조건으로 포르투갈에서 유대인을 추방할 것을 요구했던 것이다. 스페인의 부부 왕에겐 생존한 왕자가 없었기 때문에 마누엘 1세가 스페인의 공주와 결혼해 아들을 낳을 경우, 마누엘 1세, 혹은 그의 아들이 스페인의 왕위를 물려받을 가능성이 없지 않았다. 따라서 그는 유대인 추방이라는 조건을 받아들이고 스페인 공주와 결혼했다. 결국 개종 아니면 추방이라는 극단적인 선택지를 받아들여야 했던 유대인과 무어인들은 대거 이베리아 반도를 떠났고, 이들의 대부분이 충실한 농부, 어부, 상업가, 의사, 학자 등이었기 때문에 경제의 허리가 없어진 나라는 허약해질 수밖에 없었다. 지금도 그렇지만 포르투갈은 당시에도 인구가 적은 나라였기 때문에 인구의 손실은 경제에 타격을 주었고, 돌보는 사람이 없는 땅은 점차 황폐해졌다.

물론 그리스도교로 개종한 유대인도 많았다. 이들은 개종을 했다는 증거로, 유대인이라면 먹지 않을 돼지고기를 남들이 보는 앞에서 먹어 보여야만 했다. 신 그리스도교인이라 불렸던 이들 중엔 울며 겨자 먹기로 세례만 받고, 몰래 유대교 신앙을 유지한 사람들이 꽤 있었다. 이를 관리하던 기관에서 유대인들에게 물 튀기듯 성수를 쫙 뿌려놓고 세례를 받았으니 포르투갈에 머물러도 된다고 허락한 경우도 있었다. 그러나 대부분의 구 그리스도교인들은 신 그리스도교인들을 언제 무슨 일을 일으킬지 모르는 음험한 집단으로 여기기 시작했다. 이들에 대한 불신은 점점 커져갔고, 당시의 가뭄과 이로 인한 흉작, 그리고 유행병 등이 유대인들 탓이라는 유언비어가 퍼져 나갔다.

1506년 4월 19일은 부활절 일요일이었다. 리스보아의 상 도밍구스^{São Domingos} 성당의 미사 도중에 한 사람이 제단에서 그리스도의 얼굴을 봤다고 외쳤다. 이 말을 들은 한 신 그리스도교인이 "그건 그리스도의 얼굴이 아니라 빛이 반사된 겁니다"라고 대꾸했다. 새로운 멤버의 언행이 마음에 들지 않았던 사람들이 그를 성당 밖으로 끌고 나갔다. 그는 결국 리스보아 사람들에게 맞아 죽었다. 이 사건을 시작으로, 광적인 집단 살인이 도시 전체로 번져 나갔다. 유대인과 신 그리스도교인에 대한 고문과 학살은 사흘 동안 계속되었다. 마누엘 1세의 한 호위병이 군중의 오해로 살해당하기에 이르자, 왕은 적극적인 조치를 취했다. 학살을 묵인하거나 조장한 도미니코회 수사들을 사형시키고, 관련된 사람들을 체포했다. 1506년 리스보아의 대학살은 최근까지 포르투갈 사람들의 집단 기억에서 지워져 있었다. 그러나 점차 이에 대한 반성이 일어 2008년엔 학살이 처음 시작된 상 도밍구스 성당 앞에 학살에 대한 용서를 구하는 기념물이 세워졌다. 유난히 아프리카계 외국인 혹은 아프리카계 포르투갈인들에게 만남의 장소로 사용되는 상 도밍구스 성당 앞 광장엔 '리스보아, 관용의 도시'라는 문구가 34가지 언어로 씌어 있다.

1640년, 포르투갈은 스페인으로부터 독립했지만 이전의 유럽-아프리카-아시아-아메리카를 잇는 무역 강국으로 돌아가긴 쉽지 않았다. 아시

01   02

03   04

01 상 도밍구스 성당, 리스보아. 13세기에 지어졌으나 지진, 화재 등으로 여러 번 보수되었다.

02 상 도밍구스 성당 내부. 1959년의 화재로 화려했던 실내장식이 대부분 손상되었고, 1994년에
    대중에게 다시 개방되었을 때는 화재의 흔적을 그대로 보여주는 방식으로 재건되었다.

03 '리스보아, 관용의 도시'라고 적힌 벽.

04 상 도밍구스 성당 앞 광장, 1506년의 유대인 학살을 기억하는 추모비.

아 시장의 대부분을 잃었고, 17세기 말 브라질의 금광이 발견되었으나 이는 무역 적자를 메우거나 마프라 궁전 같은 건축물을 짓는 데 소비되었다. 18세기에도 상황은 나아질 기미가 보이지 않았다. 1755년의 대지진은 포르투갈에 큰 타격을 입혔다. 지진에 무너진 도시를 복구하느라 무역이나 해외 진출에 힘쓸 여력이 없었다.

1807~1810년 사이 나폴레옹 군대가 포르투갈로 몇 차례 진격했다. 기세 등등한 나폴레옹 군대에 겁을 집어먹은 포르투갈 왕실은 브라질로 피신했다. 불명예스러운 이유로 포르투갈 왕실은 유럽 밖 식민지에 처음 발을 들인 왕가가 되었다. 포르투갈 사람들은 그들의 군주로부터 버려졌고, 빈자리는 영국 군대가 채웠다. 나폴레옹 군대가 물러난 뒤 왕실은 포르투갈로 돌아왔고, 브라질에 부왕으로 남아 있던 페드루 왕자는 1822년 독립한 브라질의 황제가 된다.

19세기 후반 아프리카는 유럽 국가들의 식민지로 갈가리 찢겨 있었다. 영국, 독일, 프랑스 등이 아프리카에 대해 과학적, 지리학적으로 조사하기 시작하면서 경제적 이득을 얻을 수 있을 것이라고 내다봤기 때문이었다. 포르투갈은 15세기 초반부터 아프리카에 상업 기지를 건설하고 식민지를 세웠기 때문에 당시 열강들의 치열한 각축장이 된 아프리카에서 '역사적인 권리'를 내세워 자신들의 영향력을 지키려 했다. 다른 국가들처럼 포르투갈 역시 아프리카 내륙을 탐험하고 연구한 뒤, 아프리카 대륙 서안의 앙골라에서 대륙 동쪽의 모잠비크를 연결해 대서양에서 인도양까지 이어지는 땅을 차지하고자 했다. 앙골라와 모잠비크 사이를 이으려면 현재의 짐바브웨와 잠비아에 해당하는 땅을 차지해야 했다. 포르투갈은 앙골라-잠비아-짐바브웨-모잠비크를 이어 지도에 분홍색으로 표시했다. 말하자면 '분홍색 지도Mapa Cor-de-Rosa' 프로젝트쯤 될 터인데, 포르투갈의 이런 야망은 이루어지지 못했다. 같은 시기에 영국은 카이로에서 케이프타운을 잇는, 다

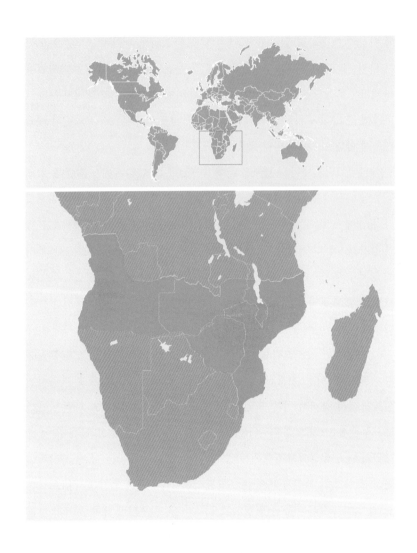

포르투갈의 분홍 지도. 아프리카 서쪽 해안이 앙골라, 동쪽 해안이 모잠비크이다.

시 말해 아프리카 북단에서 남단을 잇는 철도를 계획하고 있었다. 따라서 아프리카 동서를 잇는 땅을 차지하려는 포르투갈과 남북을 잇는 땅을 차지하려는 영국 사이에 충돌이 생겼다.

1890년 영국은 포르투갈에 모잠비크와 앙골라 사이 지역에서 모든 포르투갈 군대를 철수하라는 통첩을 보냈다. 군사력, 재력 등에서 영국을 이길 수 없었던 포르투갈은 이 지역의 군대를 철수했다. '영국의 최후통첩Ultimato britânico'이라는 이름으로 남아 있는 이 사건은 포르투갈인들에게 그나마 남아 있던 애국적 자존심을 짓밟아버렸다. 이 사건 직후 사회적 불만이 급증해 내각은 물러났고 국민들 사이에 왕실에 대한 불만도 커졌다. 당시 포르투갈인들의 왕실과 정부에 대한 불만과 영국에 대한 반감은 엔히크 로페스 드 멘도사Henrique Lopes de Mendoça가 작사한 노랫말에 그대로 표현되었다. 〈포르투갈의 노래A Portuguesa〉는 애국심을 고취하고 영국에 맞서 싸우자는 내용이었으나 한편으로는 공화주의자들이 그들의 상징으로 삼은 노래이기도 했다. 따라서 1910년 포르투갈에 공화정이 시작되면서 한때 반영국 정서를 담았던 노래가 공화국 포르투갈의 국가가 되었다. 처음 노래가 만들어졌을 때 '영국 놈들에게 맞서자'였던 부분은 훗날 국가가 되면서 '대포에 맞서자'로 바뀌었다.

다시 16세기로 돌아가면, 세바스티앙 왕은 알카세르-키비르에서 전쟁 중이나 전쟁 직후에 사망했을 것이다. 그러나 그의 시신은 발견되지 않았다. 젊은 왕의 죽음 이후 계속되는 험난한 시대에 포르투갈인들은 언젠가는 그들의 왕이 돌아와 자신들을 구원해줄 것이라고 믿기 시작했다. 포르투갈은 선한 왕을 기다렸다. 북아프리카 어딘가, 유럽의 어딘가에서 세바스티앙 왕을 본 사람이 있다는 소문도 돌았다. 메시아 같은 존재, 세바스티앙 왕을 기다리는 것을 '세바스티아니스무sebastianismo'라고 부른다. 닥쳐온

01
02

01 크리스토방 드 모라이스^{Cristóvão de Morais}, 〈세바스티앙 왕의 초상〉, 국립고대미술관, 리스보아.
과부가 된 세바스티앙의 어머니는 마드리드의 데스칼사스 수도원(합스부르크 왕가의 왕비나 공
주들이 남편이 죽은 뒤 지내던 수도원)에 들어가 있었는데, 그곳에서 열여섯 살 된 아들의 초상화
를 받아보았다.

02 스페인 혹은 이탈리아 화가가 16세기 말~17세기 초에 그린 세바스티앙 왕의 초상. 카마라 두스
아주이스 소장. 그림 상단에 'SEBASTIANUS I LUSITANOR R' 즉 '포르투갈의 왕 세바스티앙'
이라고 적혀 있다. 사르데냐의 오래된 가문에서 소장하고 있던 작품이다. 많이 알려져 있던 왕
의 초상화가 유년기와 십대의 모습을 그린 작품인 것에 비해 이 그림에서의 세바스티앙은 성인
의 모습이다. 세바스티앙 왕과 관련된 전설에는 왕이 알카세르-키비르에서 사라진 이후 이탈
리아에 나타났지만 곧 감옥에 갇혔다는 내용도 있다. 초상화의 인물은 누구일까? 정말 세바스
티앙 왕일까?

어려움을 스스로 헤쳐 나가지 않고 어디선가 잠들어 있던 왕이 깨어나 구원해줄 것이라는 수동적인 자세는 나라에 고된 순간이 찾아올 때마다 나타났다. 나폴레옹 군대가 포르투갈을 침략했을 때도 마찬가지였다. 심지어 20세기 초 브라질에서도 민중들의 이런 심리 상태를 이용해 공화정에 반대하는 왕당파 정치인이 '우리를 구원해줄 왕이 나타날 것이다'라고 연설하기까지 했다. '세바스티아니스무'라는 용어가 존재한다는 것은 분명 포르투갈인에게 누군가의 도움을 기다리기만 하는 수동성, 찬란했던 과거를 그리워하는 면모가 분명 있다는 것을 의미한다.

또한 포르투갈인의 집단적인 특성을 보여주는 인물로 '제 포비뉴^{Zé Povinho}'라는 캐릭터가 있다. 제 포비뉴를 탄생시킨 사람은 라파엘 보르달루 피녜이루^{Rafael Bordalo Pinheiro}라는, 화가이자 디자이너, 언론인으로서 도자기와 아줄레주 제작으로도 널리 알려진 사람이었다. 라파엘 보르달루 피녜이루는 1875년, 자신이 창간한 사회 비판적 신문에 처음으로 제 포비뉴를 선보였다. 제는 포르투갈에서 흔한 이름 중 하나인 주제^{José}의 애칭 제^{Zé}에서, 포비뉴는 백성, 민중 등을 뜻하는 포보^{Povo}의 축소사●포비뉴^{Povinho}에서 나온 이름이다. 제 포비뉴는 정치인이나 고위 관료들에게 이용만 당하고 잊혀진, 그러나 스스로 변화하려는 노력은 전혀 하지 않는 포르투갈인의 상징이었다. 한 역사학자는 포르투갈들의 특성을 제 포비뉴에 빗대어 이런 묘사를 했다.

"잘 참고 잘 속으며 복종적, 내성적이고, 순한 성품에 무감각, 무관심하며, 의지박약에 의심 많고 잘 뭉치지 못한다. 그러나 한편으로는 반란을 일으

● 보통 축소사는 명사나 형용사 등의 작은 크기를 표현할 때 사용하지만 이 경우엔 안쓰러움과 경멸 등의 감정을 담아 사용한 경우일 것이다.

01
02 03

01 1875년 신문에 처음 등장한 제 포비뉴. 당시 재무장관이 제 포비뉴(가장 오른쪽)에게 성 안토니
오에게 바칠 동전 세 닢을 받아내고 있다. 리스보아의 수호성인 안토니오는 당시 수상의 얼굴
로, 안토니오가 안고 있는 아기 예수는 왕 루이스 1세의 모습으로 표현되었다. 그 옆엔 국가수비
대가 채찍을 들고 무력하게 앉아 있다.

02 신문의 캐리커처로 등장하던 제 포비뉴는 나중엔 도자기 인형으로 제작되어 대중화되었다. 대
개 땅딸막하고 허름한 옷을 입은 남자가 속칭 '감자 먹이는' 제스처를 취하는 모습으로 만들어
졌다.

03 리스보아 공항 지하철 벽화, 라파엘 보르달루 피네이루와 제 포비뉴.

키기도 하고 잘 투덜거리며, 거만하고 민감하면서 격노할 줄 알지만 자비심이 깊으며, 때때로 위험도 감수하고 활동적이며 서로 연대하고 사이좋게 지내는 모습도 보여준다."

포르투갈인들은 스스로 복종적이고 수동적인 국민이라고 혹평한다. 이 책의 앞부분에서도 언급했듯이, 포르투갈인들은 자학에 능하다. 그러나 수동적이다가도 정 안되겠다 싶을 때는 들고일어나기도 한다고 덧붙여 말하곤 한다. 어떤 것이 포르투갈인의 진짜 모습일까. 어느 정도의 우울함을 가지고 있어야 스스로를 가장 객관적으로 볼 수 있다고 하는데, 내가 본 포르투갈인들이 이렇다. 이들에게는 들뜬 자신감이 없다. 뭐든지 다 잘 될 거야 하는 분홍빛 긍정주의도 없다. 포르투갈인들은 스스로를 냉정하게 바라본다. 때때로 스스로 자학하는 말을 몇 마디 한다. 그리고 묵묵히 자신의 자리로, 자신의 일터로 돌아간다.

3
포르투갈 구석구석 알기

리스보아와 근교

리스보아 구시가지

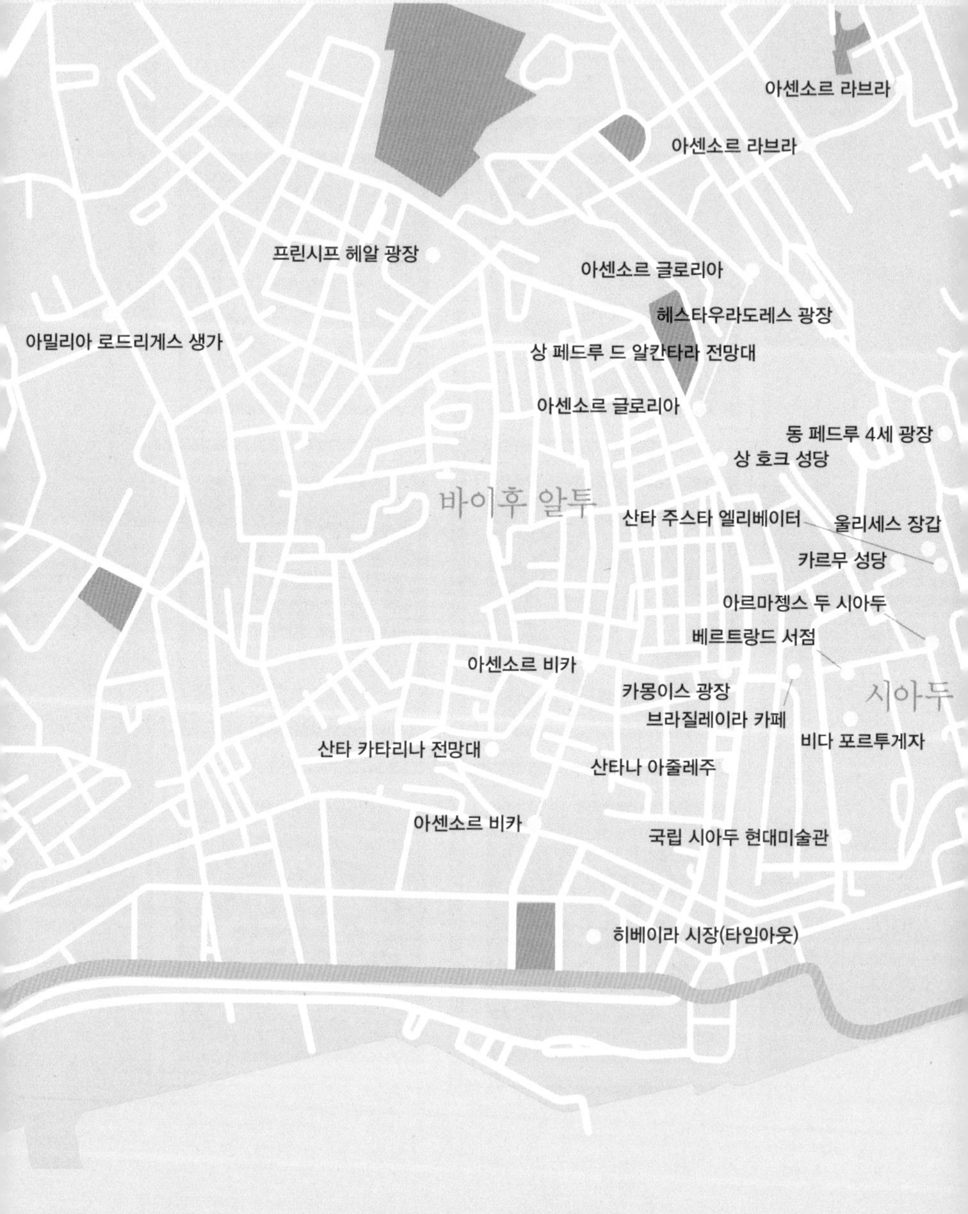
아센소르 라브라
아센소르 라브라
프린시프 헤알 광장
아센소르 글로리아
헤스타우라도레스 광장
아밀리아 로드리게스 생가
상 페드루 드 알칸타라 전망대
아센소르 글로리아
동 페드루 4세 광장
상 호크 성당
바이후 알투
산타 주스타 엘리베이터
울리세스 장갑
카르무 성당
아르마젱스 두 시아두
베르트랑드 서점
아센소르 비카
카몽이스 광장
시아두
브라질레이라 카페
비다 포르투게자
산타 카타리나 전망대
산타나 아줄레주
아센소르 비카
국립 시아두 현대미술관
히베이라 시장(타임아웃)

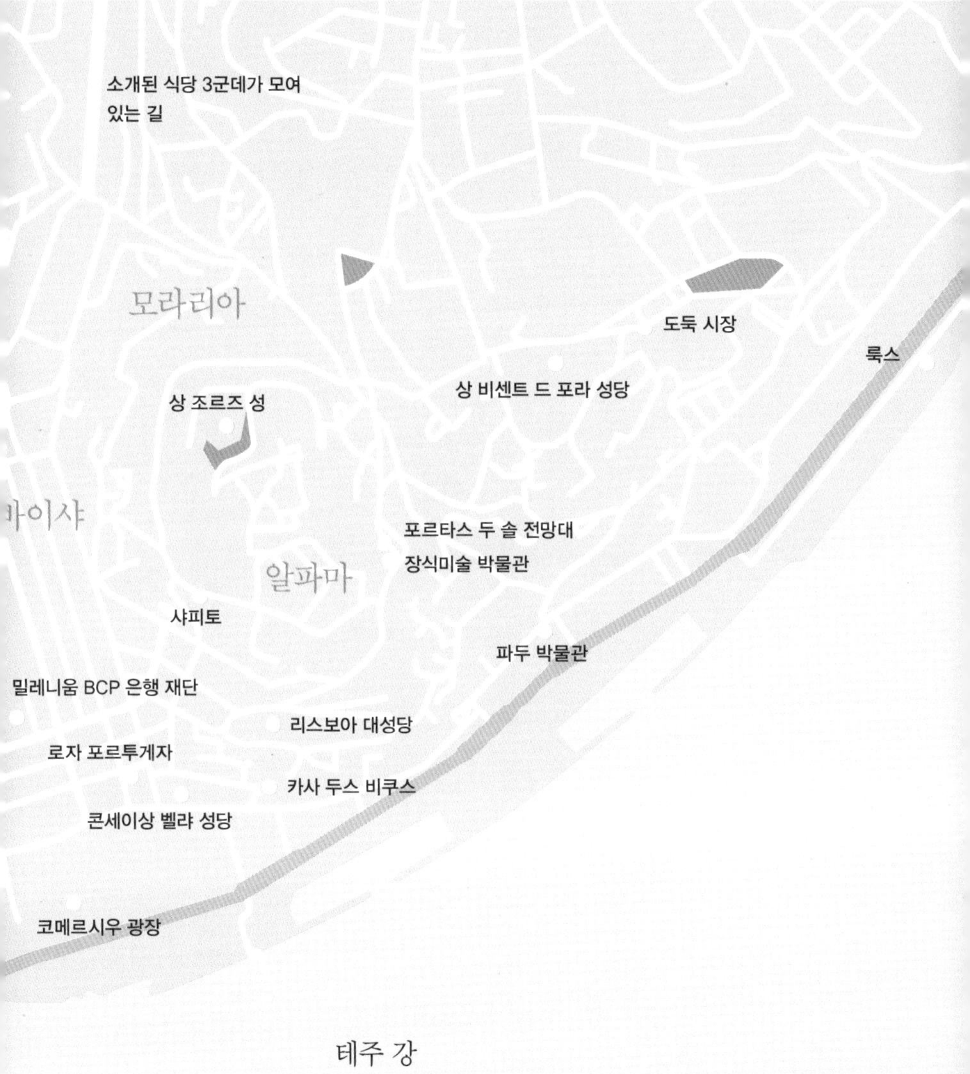

소개된 식당 3군데가 모여
있는 길

모라리아

도둑 시장

룩스

상 조르즈 성

상 비센트 드 포라 성당

마이샤

포르타스 두 솔 전망대

장식미술 박물관

알파마

샤피토

파두 박물관

밀레니움 BCP 은행 재단

리스보아 대성당

로자 포르투게자

카사 두스 비쿠스

콘세이상 벨랴 성당

코메르시우 광장

테주 강

오리엔트 역

오세아나리우 드 리스보아

프론테이라 저택

굴벤키안 미술관

리스보아 구시가지

국립 아줄레주 박물관

룩스

에스트렐라 바실리카

LX팩토리

국립 고대미술관

히베이라 시장(타임아웃)

동양박물관

리스보아

1147년부터 현재까지 포르투갈의 수도로서, 로마 시대부터 이슬람 점령 시대, 포르투갈 건국 초기, 대항해 시대, 대지진, 공화국 포르투갈까지 포르투갈의 모든 역사적 흔적을 볼 수 있는 도시다. 리스보아는 로마 시대엔 올리시포Olissipo, 무어인이 살던 시대엔 알우슈부나Al-Ushubuna라고 불렸다. 리스보아라는 명칭의 유래에 대해 가장 대중적으로 받아들여지고 있는 것은 『오디세이아』의 오디세우스, 즉 율리시스Ulisses가 트로이 전쟁 후 고향으로 돌아가기 전에 세운 도시라는 이야기다.

리스보아가 훌륭한 항구도시가 되게 해준 테주 강은 이베리아 반도에서 가장 긴 강이다. 강의 폭이 워낙 넓어서(테주 강을 가로지르는 바스쿠 다 가마 다리의 길이는 16킬로미터이다) 바다인 줄 착각하는 외지인들도 종종 있을 정도다. 이 강은 오래전부터 리스보아 토박이들에게 일거리와 먹을거리를 주는 존재였고 대서양과 리스보아를 이어주는 연결고리이기도 했다.

리스보아 토박이를 부르는 별명은 알파시뉴스alfacinhos인데, '배추'라는 단어에서 나온 말이다. 옛날부터 이 지역엔 채소 농사를 짓는 밭들이 많았고 배추 역시 많이 길렀기 때문에 이런 별명이 붙었다.

유럽의 대부분의 도시가 그렇듯이 리스보아에도 이 도시의 수호성인이 있다. 공식적인 리스보아의 수호성인은 비센트 성인이다. 4세기 초, 아직 그리스도교가 금지되어 있던 로마 제국 시절, 이베리아 반도의 현재 사라고사쯤에 해당하는 지역에서 부제(사제가 되기 전 단계)였던 비센트가 체포되어 순교했다. 여러 곡절 끝에 그의 유해는 배에 태워져 현재 포르투갈의 남서쪽 끝에 해당하는 사그레스Sagres로 옮겨졌다. 비센트 성인이 순교하고 팔백 년이 넘는 시간이 흐른 뒤, 포르투갈의 첫 번째 왕이 된 아폰수 엔히케스

리스보아의 상징이 된 비센트 성인의 배와 까마귀 두 마리.

는 성인의 유해를 당시 무어인들의 땅이었던 사그레스에서 찾아내 리스보아로 모셔 오고자 했다. 그러나 사그레스는 전투로 인해 파괴되어 있었고, 순교자의 유해를 찾을 길이 없었다. 이때 까마귀 떼가 나타나 비센트의 유해를 찾아내는 데 도움을 주었다. 역시 뱃길로 리스보아까지 오는 동안, 까마귀 두 마리가 계속 동행하며 배와 순교자의 유해를 지켰다고 한다. 이러한 이유로 리스보아 곳곳엔 비센트 성인과 까마귀 두 마리, 배의 이미지가 등장한다.

그러나 리스보아에서 비센트 성인보다 더 눈에 띄는 성인은 안토니오다. 12세기 말 리스보아에서 태어난 안토니오는 수사가 된 뒤, 이탈리아로 가서 활동했다. 이탈리아의 파도바에서 주로 활동하고 그곳에서 죽었기 때문에 파도바의 안토니오라고 불리기도 한다. 그러나 포르투갈인들에게 안토니오는 리스보아의 안토니오다. 그가 사망한 날인 6월 13일은 리스보아 지역의 휴일이고, 그 주는 온통 축제 분위기다. 안토니오가 기도하고 있을 때 아기 예수가 성인에게 나타나 하룻밤을 함께 보냈다는 전설이 있기 때문에, 안토니오를 묘사한 그림이나 조각에서는 수사의 복장을 한 안토니오가 아기 예수를 품에 안고 있거나, 안토니오의 손에 성서가 있고 그 위에 아기 예수가 서 있는 것으로 표현된다.

17세기 한 수사가 리스보아에 대해 묘사하면서 로마의 일곱 언덕에 빗대 '일곱 개의 언덕으로 이루어진 도시'라고 했을 정도로 이 도시엔 언덕이 많다. 좁은 골목길, 가파른 경사의 언덕 등으로 인해 길 찾기가 그리 쉽지 않은 곳이기도 하다. 그러나 좁고 가파른 길을 오르고 나면 저 너머로 테주 강이 보이는 탁 트인 전망대가 갑자기 나타나기도 한다. 도시에 자연스럽게 자리 잡고 있는 엘리베이터와 언덕길을 오르내리는 푸니쿨라도 리스보아의 매력을 배가시킨다. 온화한 날씨와 함께 강과 바다가 가깝다는 지리적 장

01 02
03 04

01 리스보아의 안토니오 성당. 안토니오 성인이 태어난 곳에 지은 성당이라고 한다.
02 아기 예수를 안고 있는 안토니오 성인. 17세기 중반 리스보아에서 제작, 에보라의 파라이소 수
　 도원에 있던 아줄레주, 에보라 박물관.
03 안토니오 성인이 성서를 들고 있고 그 위에 아기 예수가 서 있다. 상 호크 성당.
04 안토니오 축일인 6월 13일 전엔 축제를 준비하는 사람들로 붐빈다. 만제리쿠라는 작은 허브 화
　 분을 선물하는 풍습이 있기 때문에 길거리엔 만제리쿠 노점상이 들어선다.

점, 오래된 도시만이 갖는 풍취, 저렴한 물가, 친절한 사람들 등으로 인해 늘
관광객의 발길이 끊이지 않는 곳이기도 하다.

리스보아 관광 안내 www.visitlisboa.com

알파마 Alfama
카스텔루 Castelo
모라리아 Mouraria

아랍어로 샘, 온천이라는 의미인 알함마라는 지명이 현재까지 남아 있는
알파마는 리스보아에서 가장 오래된 동네이기도 하고, 옛 모습을 가장 잘
간직하고 있는 동네이기도 하다. 리스보아를 파괴한 1755년의 대지진 때,
알파마의 집과 건물들도 상당수 파괴되었다. 그러나 바이샤 지구와 달리 기
존의 구불구불한 길들을 유지해가며 원래 자리에 그대로 재건축을 했기
때문에 현재 우리가 볼 수 있는 알파마의 골목길들이 남아 있다. 상 조르즈
성을 기준으로 강 쪽은 알파마, 그 반대편이 모라리아다. '무어인들이 사는
곳'이라는 뜻인데, 알파마 같은 좁은 골목길, 파두, 아프리카 이민자들이 운
영하는 아프리카 식 식당 등을 쉽게 만날 수 있다. 리스보아에서 유일하게
한국 음식 재료를 구할 수 있는 중국 슈퍼마켓들도 모라리아 초입 마르팅
무니스 광장 근처에 있다.

01
02

상 조르즈 성
Castelo de São Jorge

상 조르즈 성은 강이 내려다보이는 언덕 위에 위치해 있다는 점 때문에 도시가 태어나던 시절부터 주거, 군사 시설에 모두 적당한 곳이었다. 이곳에 11세기 중반에 무어인들이 성을 쌓았고, 그 이후로 근대에 이르기까지 상 조르즈 성은 도시를 방어하기 위한 군사 시설로 활용되었다. 포르투갈의 첫 번째 왕 아폰수 엔히케스가 무어인을 몰아내고 리스보아를 점령한 뒤 이곳을 포르투갈의 수도로 삼으면서, 상 조르즈 성은 왕들의 보금자리가 되었다. 이곳은 알파마, 모라리아와 가깝고 전망도 좋아서 리스보아 관광의 시작점으로도 훌륭하다.

🏛 Castelo de S. Jorge, Lisboa(입장은 산타크루즈 거리 Rua de Santa Cruz 쪽으로)

⊙ 9:00~21:00

☾ 1월 1일, 5월 1일, 12월 24일, 25일

💶 10유로

http://castelodesaojorge.pt

01 상 조르즈 성.
02 상 조르즈 성에서 바라본 테주 강.

01

산타 마리아 마요르 성당/ 리스보아 대성당
Igreja de Santa Maria Maior / Sé de Lisboa

리스보아를 무어인들에게서 탈환한 뒤, 이슬람 사원이 있던 자리에 지은 성당. 1150년에 지어져서 겉모습과 실내 대부분이 로마네스크 양식이지만, 군데군데 고딕, 바로크 양식이 섞여 있다. 클로이스터에서는 현재 로마 시대의 유적을 발굴 중이다.

🏛 Largo da Sé, Lisboa

🕐 11월~4월 10:00~18:00
　　5월~10월 월, 화, 목, 금 9:30~19:00 수, 토 10:00~18:00

🎫 5유로

01 　리스보아 대성당. 12세기에 리스보
　　아를 무어인들에게서 탈환한 뒤 지
　　은 로마네스크 양식의 성당.

카사 두스 비쿠스: 고고학 유적지와 주제 사라마구 재단

Casa dos Bicos: Núcleo Arqueológico da Casa dos Bicos, Fundação José Saramago

카사 두스 비쿠스.

　인도의 포르투갈령 고아Goa의 총독이었던 아폰수 알부케르크의 아들인 브라스 알부케르크가 16세기에 지은 집. 이탈리아에서 보았던 르네상스식 건축물에서 영감을 받았고, 건물 외벽의 뾰족뾰족하게 튀어나온 장식 때문에 비쿠스(새의 부리나 사각형 모서리처럼 뾰족한 부분을 이르는 포르투갈어)라는 이름으로 불리게 되었다. 2012년부터는 노벨문학상 수상 작가인 주제 사라마구의 재단으로 사용되었다. 또한 이 건물 안에서 로마 시대부터 있던 성벽과 각종 유물, 과거 리스보아 성벽의 흔적이 발견되었기 때문에 최근 고고학 유적지를 무료로 볼 수 있도록 개방해놓았다. 따라서 1층엔 고고학 유적지, 2, 3, 4층엔 주제 사라마구 재단이 자리 잡고 있다.

　주제 사라마구는 1922년 알렌테주 지방의 아지냐가라는 마을에서 태어났다. 어려운 집안

사정으로 기술학교를 다녔고, 쇠를 용접하고 자물쇠 등을 만드는 일이 그의 첫 직업이었다. 그럼에도 불구하고 그는 이십대에 첫 작품을 출판했고, 마흔 권이 넘는 소설과 시집, 희곡, 수필 등을 썼다. 1995년에 카몽이스 상을, 1998년에 포르투갈뿐만 아니라 전 세계 포르투갈어권에서 처음으로 노벨문학상을 수상하면서 세계적인 명성을 얻었다. 대표작으로는 『수도원의 비망록』(1982), 영화로도 제작되어 널리 알려진 『눈먼 자들의 도시』(1995), 『눈 뜬 자들의 도시』(2004) 등이 있다. 그는 포르투갈에 노벨문학상 수상이라는 영광을 가져다주기도 했지만, 반유대인 발언이라든지 포르투갈은 스페인에 통합되어야 한다는 의견을 내놓았기 때문에 포르투갈인들 사이에서는 논쟁거리를 제공하는 작가 중 하나다.

2010년에 스페인 카나리아 제도의 자택에서 사망한 뒤, 리스보아에서는 그의 장례식이 국장으로 치러졌고, 화장한 재는 카사 두스 비쿠스 앞에 서 있는 올리브나무 아래 묻혔다.

🏛 Rua dos Bacalhoeiros 10, Lisboa
🕐 월~토 10:00~18:00
☾ 매주 일요일, 공휴일, 1월 1일, 5월 1일, 12월 25일
🎟 고고학 유적지 무료 / 주제 사라마구 재단 3유로
주제 사라마구 재단 www.josesaramago.org

01 카사 두스 비쿠스 1층의 고고학 유적.
02 주제 사라마구의 재가 묻힌 올리브나무. 나무 옆엔 작가의 이름과 생몰연대가 새겨져 있다.

비센트 성인의 조각상. 그 뒤로 멀리 보이는 건물은 상 비센트 드 포라 수도원과 산타 엥그라시아 성당이다.

포르타스 두 솔 전망대
Miradouro Portas do Sol

알파마, 테주 강, 산타 엥그라시아 성당(판테옹), 상 비센트 드 포라 수도원 등이 보이는 전망대. 알파마에서부터 상 조르즈 성 방향으로 구불구불한 골목길을 오르다가 무어인의 성벽 옆의 계단을 오르다 보면 갑자기 공간이 확 트이면서 저 멀리 반짝거리는 테주 강이 보이는 경치와 마주하게 된다. 햇빛이 좋은 날에 이곳에 온다면 어느새 리스보아를 사랑하게 될 것이다. 리스보아의 수호성인인 비센트 석상도 눈여겨 볼 것. 맞은편엔 장식미술 박물관Museu de Artes Decorativas이 있다.

🏛 Largo Portas do Sol, Lisboa

포르타스 두 솔에서 바라본 알파마와 테주 강.

장식미술 박물관의 외관.

장식미술 박물관
Museu de Artes Decorativas

은행가 히카르두 두 에스피리투 산투의 컬렉션으로 꾸며진, 17, 18세기의 포르투갈 가구와 장식미술을 볼 수 있는 곳.

🏛 Largo Portas do Sol 2, Lisboa
🕐 10:00~17:00
💤 매주 화요일, 1월 1일, 5월 1일, 12월 25일
📩 10유로
www.fress.pt

판테옹(산타 엥그라시아 성당) 근처에 들어선 상인들.

도둑 시장
Feira da Ladra

정확히 말하면 도둑 여인의 시장이라는 이름을 가진, 일주일에 두 번 서는 시장. 제대로 된 골동품이나 신기한 물건을 사고 싶다면 오전 일찍 가는 것이 좋다. 포르투갈이나 리스보아와 관련된 기념품들을 팔기도 하고, 액세서리나 헌책, 중고 카메라나 핸드폰, 옷, 아줄레주 등을 팔기도 한다

🏛 Campo de Santa Clara, Lisboa
🕐 매주 화, 토요일

상 비센트 드 포라 성당/수도원
Igreja de São Vicente de Fora

리스보아를 무어인에게서 빼앗은 직후인 12세기에 세워졌으나 우리가 보는 건물은 17세기 초반에 다시 지어진 모습이다. 수도원 내부엔 여러 테마를 다룬 18세기 아줄레주가 장식되어 있다. 이 중 라퐁텐의 우화를 아줄레주로 그린 부분을 눈여겨보자. 탑 위에 올라가서 보는 테주 강과 리스보아 전망도 일품. 브라간사 왕조의 무덤이 있는 곳이기도 하다.

🏛 Largo de São Vicente, Lisboa

◉ 수도원·박물관 | 10:00~18:00

☾² 매주 월요일, 1월1일, 성 금요일, 부활절, 5월1일, 12월 25일

📷 성당 | 무료

　　수도원 | 5유로

01
02
03

01 상 비센트 드 포라 수도원의 정면.

02 라퐁텐 우화를 그린 아줄레주.

03 상 비센트 드 포라 수도원 지붕에서 본 리스보아와 테주 강.

파두 박물관
Museu do Fado

* 186~187쪽 설명 참조.

🏛 Largo do Chafariz de Dentro 1, Lisboa

⊙ 10:00~18:00

🗓 매주 월요일, 1월 1일, 5월 1일, 12월 24, 25, 31일

🎫 5유로(오디오 가이드 포함)

www.museudofado.pt

샤피토
Chapitô

상 조르즈 성 근처에 자리 잡은 서커스 / 퍼포먼스 학교 겸 레스토랑 / 카페. 포르투갈의 첫 번째 여성 어릿광대가 세운 학교라고 한다. 테주 강을 향한 전망이 훌륭하다.

🏛 Costa do Castelo 1, Lisboa

www.chapito.org

바이샤Baixa

01

02
03

코메르시우 광장
Praça do comércio

대지진 이전엔 이곳에 왕궁이 있었기 때문에 왕궁 뜰, 테헤이루 두 파소Terreiro do Paço라고도 부른다. 광장의 삼면을 둘러싼 노란 건물들은 지진 직후에 지어졌고, 중앙의 개선문처럼 생긴 아치는 19세기에 완성되었다. 아치 위엔 전망대가 있어 올라갈 수 있으며(입장료 3유로), 아치 맞은편은 테주 강이 드넓게 펼쳐져 있다. 광장을 둘러싼 건물엔 각종 카페와 레스토랑들이 최근에 입점했고, 리스보아의 역사를 한눈에 볼 수 있는 리스보아 스토리 센터도 만들어졌다. 광장 북동쪽 면의 마르티뉴 다 아르카다 Martinho Da Arcada 레스토랑은 1782년에 오픈했고, 시인 페르난두 페소아가 자주 찾았던 곳으로도 유명하다.

01 코메르시우 광장 아치 위에 올라가서 본 광장의 모습.
02 코메르시우 광장. 광장을 둘러싼 건물에는 각종 카페와 레스토랑들이 입점해 있다.
03 페르난두 페소아가 자주 찾았던 마르티뉴 다 아르카다 레스토랑.

호시우 혹은 동 페드루 4세 광장
Rossio / Praça de Dom Pedro IV

01
02
03

　공식적인 명칭은 동 페드루 4세 광장이지만 리스보아에서는 모두들 호시우 광장이라고 부르는 이곳은 오페라 극장과 오래된 카페들로 둘러싸여 있다. 콘페이타리아 나시오날Confeitaria Nacional, 파스텔라리아 수이사Pastelaria Suiça, 카페 니콜라Café Nicola, 카페 두 젤로Café do Gelo 등은 백 년이 넘은 카페 겸 제과점이다. 광장에서 북동쪽 방향으로는 야생 체리로 만든 술 진자Ginja로 유명한 조그마한 가게 아 진지냐A Ginjinha와 상 도밍구스 성당Igreja de São Domingos이 있다.

01 호시우 광장.
02 호시우 광장에 면해 있는 카페 겸 제과점 콘페이타리아 나시오날.
03 야생 체리 술 진자로 유명한 아 진지냐.

콘세이상 벨라 성당 입구. 1500년대 초반
마누엘리노 양식을 볼 수 있다.

콘세이상 벨랴 성당
Igreja da Conceição Velha

16세기 초에 마누엘리노 양식으로 장식된 자비의 성모 성당이 지진에 파괴되자, 무너지지 않고 남아 있던 마누엘리노 장식 부분을 새 성당을 지을 때 활용했다. 18세기 중반의 성당 건물에 16세기 초의 장식이 있는 셈. 바이샤 지구에서 만나기 쉽지 않은 16세기 초의 마누엘리노 양식을 볼 수 있다.

🏛 Rua da Alfândega 108, Lisboa

산타 주스타 엘리베이터 외관.

산타 주스타 엘리베이터/산타 주스타 전망대
Elevador Santa Justa / Miradouro de Santa Justa

프랑스계 포르투갈인인 하울 메스니에르 뒤 퐁사르가 설계한 네오고딕 양식의 엘리베이터. 1902년에 운행을 시작했을 때는 증기의 힘으로 운행되다가 몇 년 후에 전기를 사용하기 시작했다고 한다. 지대가 낮은 바이샤 지역과 그보다 높은 바이후 알투를 연결해주는 역할을 한다. 두 대의 엘리베이터가 운행되며, 엘리베이터 위엔 리스보아를 내려다볼 수 있는 전망대가 설치되어 있다. 관광객들이 많이 찾는 명소가 되었지만 본래 언덕이 많은 리스보아를 편히 이동할 수 있도록 19세기 말에서 20세기 초에 만들어진 엘리베이터/푸니쿨라 네 대 중 하나

로, 엄연히 리스보아 시 교통 시스템 안에 들어
가 있다.

🚈 Rua do Ouro와 Largo do Carmo 연결
🕐 엘리베이터 | 6월~9월 7:00~23:00 | 10월~5월 7:00~22:00
전망대 | (2022년 공사로 폐쇄 중)
🎫 현장에서 현금 구매 시 5.3유로(엘리베이터 2번 이용 가능,
전망대 포함), 충전식 교통카드(1.35유로 차감), 24시간 교통권,
리스보아 카드 등 사용 가능

헤스타우라도레스 광장
Praça dos Restauradores

　1580년부터 60년 동안 포르투갈이 카스티
야에게 합병된 이후 1640년 12월 1일에 독립을
선언한 것을 기념하기 위한 탑이 서 있다. 광장
서쪽에 관광안내소가 있다.

아센소르 글로리아(푸니쿨라)
Ascensor Glória

　리스보아는 언덕이 많은 도시이기 때문에 언
덕길만 오르내리는 전차가 있는데, 이를 아센소
르라고 부른다. 1885년 개통. 헤스타우라도레
스 광장과 상 페드루 알칸타라S.Pedro Alcântara 전
망대를 연결한다.

🚈 Praça dos Restauradores—Bairro Alto
🕐 월~금 7:15~23:55 토 8:45~23:55
일, 공휴일 9:15~23:55

아센소르 라브라가 운행하는 길과 입구.

아센소르 라브라
Ascensor do Lavra

1884년에 개통한 아센소르로, 리스보아 아센소르 중 가장 오래되었다.

🚋 Largo da Anunciada–Rua Câmara Pestana
🕐 월~금 7:00~20:30 토, 일, 공휴일 9:00~19:55
🎫 현장에서 현금 구매 시 3.8유로(2번 이용 가능),
충전식 교통카드(1.35유로 차감), 24시간 교통권,
리스보아 카드 등 사용 가능

밀레니움 BCP 은행 재단
Fundação Millennium BCP

은행 재단의 컬렉션으로 전시가 이루어지기도 하고, 사르디냐 디자인 전시를 하기도 한다. 고고학 유적은 개별 방문 불가능, 매 정시에 가이드투어 시작. 무료 입장.

✽ 21쪽 설명 참조.

🏛 고고학 유적 Rua dos Correeiros 9, Lisboa
🕐 월~토 10:00~12:00, 14:00~17:00

베나모르

Benamôr

1925년에 리스보아의 한 약사가 개발한 크림에서 시작한 화장품과 비누 브랜드 숍. 아멜리아 왕비도 이 제품을 썼다고. 작두로 잘라 무게를 달아서 파는 비누도 귀엽다.

🏛 Rua dos Bacalhoeiros 20A, Lisboa

가게 내부와 진열장.

카몽이스 광장. 16세기 포르투갈의 시인 루이스 드 카몽이스의 동상이 서 있다.

카몽이스 광장
Praça Luís de Camões

16세기 포르투갈의 시인인 루이스 드 카몽이스의 동상이 서 있는 광장. 그의 서사시 『우스 루지아다스^{Os Lusíadas}』는 대항해 시절 포르투갈인들의 영웅적인 행적을 노래했다. 무어인과의 전투에서 한쪽 눈을 잃는가 하면 인도를 탐험하고 메콩 강에서 조난당하는 등 파란만장한 인생을 살았다. 그가 사망한 날인 6월 10일은 '포르투갈의 날'이다.

아르마젱스 두 시아두
Armazéns do Chiado.

카페, 레스토랑, 각종 패션 관련 가게들, 극장 등이 자리 잡고 있는 활기찬 구역 시아두의 시작점에 위치한 쇼핑몰. 19세기 말에 백화점으로 문을 열었다. 1988년에 일어난 큰 화재 이후, 현재의 건물은 포르투갈의 건축가 알바루 시자 비에이라의 설계로 재건축되어 서점, 푸드

코트, 화장품 가게, 옷가게 등이 다양하게 입점
해 있다.

🏛 Rua do Carmo 2, Lisboa

브라질레이라 카페
A Brasileira

1905년에 문을 연 카페 겸 레스토랑. 음식 맛
보다는 고풍스러운 분위기를 느껴볼 만한 곳이
다. 노천의 테이블에 앉아서 지나다니는 사람
들을 구경하는 재미도 있다. 카페 밖에 놓인 페
르난두 페소아 동상엔 사진 찍는 관광객들로
늘 붐빈다.

🏛 Rua Garrett 120, Lisboa

페르난두 페소아. 리스보아에서 태어났지만 남아프리카공화국
에서 자랐기 때문에 영어와 포르투갈어로 작품을 썼다. 그는 히
카르두 헤이스, 알바루 두 캄푸스, 알베르투 카에이루라는 가명
으로 글을 발표하기도 했다. 우리나라에도 그의 『불안의 서』가 번
역되어 있다. 페소아는 현재 포르투갈에서 가장 사랑받는 시인인
것 같다. 그리고 리스보아 곳곳에서 중절모에 둥글고 검은 뿔테
안경, 나비넥타이를 맨 양복 차림의 페소아 캐릭터 상품들을 심
심치 않게 만날 수 있다.

상 호크 성당
Igreja de São Roque

16세기에 지어진 예수회 소속 성당. 단순해
보이는 흰색 겉모습과 달리 리스보아에서 가장
화려한 성당이다. 대지진의 피해를 입지 않아
지진 이전의 화려한 성당 건축과 장식의 면모를

상 호크 성당 외관. 흰색으로 소박해 보이는 외관과 달리 내부는 무척 화려하다.

엿볼 수 있다. 16세기의 포르투갈 아줄레주를 비롯해서 나무 조각 위에 금박을 입히는 기법인 탈랴 도라다, 눈속임 기법으로 그린 천장화, 그 밖의 조각, 회화 등이 가득해 눈이 호강하는 곳. 세례자 요한 소성당은 18세기에 이탈리아에서 제작되어 교황의 축복을 받은 뒤 포르투갈에서 다시 재조립한 것으로, 이탈리아 모자이크와 다양한 색의 돌로 마감한 실내를 만날 수 있다. 성당 옆의 박물관에는 성당에 있던 각종 그림과 보물들이 전시되어 있다.

🏛 Largo Trindade Coelho, Lisboa

🕐 화~일 10:00~18:00

🌙 1월 1일, 부활절, 5월 1일, 12월 25일

🔔 12:30 미사 중엔 성당 내 관광객 입장 제한

🎫 성당 | 무료
박물관 | 2.5유로

01 상 호크 성당 내부. 천장화와 벽에 걸린 그림들, 소성당의 탈랴 도라다. 채색 조각도 눈여겨보자.

02 1584년 프란시스쿠 드 마투스가 호크 성인을 그린 아줄레주.

01   02

카르무 성당/
카르무 고고학 박물관
Igreja do Carmo / Museu Arqueológico do Carmo

1389년 누누 알바레스 페레이라(주앙 1세 시대의 국경수비대장)에 의해 건립된 수도원 겸 성당. 그는 노년에 스스로 성직자가 되어 이 수도원에 들어왔다고 한다. 이곳은 1755년 대지진 때 수도원과 성당의 상당 부분이 무너졌고, 현재까지 남아 있는 성당 부분은 고고학 박물관으로 사용되고 있다.

🏛 Largo do Carmo, Lisboa
🕐 5월~9월, 부활절 주간 10:00~19:00
　　10월~4월 10:00~18:00
🌙 매주 일요일, 1월 1일, 5월 1일, 12월 25일
🎟 5유로

카르무 광장에서 보이는 성당과 분수.

프린시프 헤알 광장
Praça do Príncipe Real

근처의 작은 갤러리들, 앤티크 숍, 카페 등을 즐기며 한가한 시간을 보낼 수 있는 동네. 매주 토요일 오전엔 유기농 채소시장이 선다.

🏛 Praça do Príncipe Real, Lisboa

상 페드루 드 알칸타라 전망대 겸 공원
Miradouro / Jardim de São Pedro de Alcântara

상 조르즈 성과 그라사, 바이샤 등이 내려다 보이는 전망대.

🏛 Rua São Pedro de Alcântara, Lisboa

국립 시아두 현대미술관
Museu Nacional de Arte Contemporânea do Chiado

19세기 중반부터 현재까지의 모더니즘, 낭만 주의, 사실주의, 자연주의, 표현주의, 상징주의 등의 포르투갈 회화, 조각과 사진 등을 만날 수 있는 미술관. 프란시스코 회 수도원을 1911년 에 미술관으로 개조한 곳이다. 카펠루 거리Rua Capelo에 있는 별관 건물의 카페테리아도 가볼 만하다.

🏛 Rua Serpa Pinto 4, Lisboa
　　별관 | Rua Capelo 13, Lisboa
⊙ 화~일 10:00~18:00
☾ 매주 월요일, 1월1일, 부활절, 5월 1일, 12월 25일
🎟 4,5유로

www.museuartecontemporanea.pt

01 02

산타 카타리나 전망대

Miradouro de Santa Catarina

　테주 강, 4월 25일 다리, 강 건너의 크리스투 헤이 등이 모두 보이는 전망대. 근처의 카페 누바이Noobai의 전망 역시 훌륭하다.

01 산타 카타리나 전망대.
02 산타 카타리나 전망대의 카페 누바이.

🏛 Rua de Santa Catarina, Lisboa

아말리아 로드리게스 생가/ 박물관

Casa-Museu de Amália Rodrigues

✳ 188쪽 설명 참조.

🏛 Rua de São Bento 193, Lisboa
🕙 화~일 10:00~18:00
🌙 매주 월요일, 1월 1일, 5월 1일, 12월 25일
🎫 7유로
www.amaliarodrigues.pt

아센소르 비카
Ascensor da Bica

리스보아의 아센소르 중 노선 길이가 가장 길고, 가장 리스보아다운 사진이 찍힐 법한 곳.

🚋 Largo de Calhariz-Rua de São Paulo

🕐 월~토 7:00~21:00 일, 공휴일 9:00~21:00

🎫 현장에서 현금 구매 시 3.8유로(2번 이용 가능), 충전식 교통카드(1.35유로로 차감), 24시간 교통권, 리스보아 카드 등 사용 가능

에스트렐라 바실리카/에스트렐라 공원
Basílica da Estrela/Jardim da Estrela

18세기에 마리아 1세의 명으로 지어진 신고전주의 건축 양식의 성당. 마리아 1세의 무덤이 이 성당에 있다. 18세기 조각가 마샤두 드 카스트루의 크리스마스 장식이 볼 만하다. 성당 맞은편엔 에스트렐라 공원이 있다. 초록을 보며 다리를 쉬게 하고 싶다면 주저 없이 추천하는 곳. 한가한 리스보아 노인들과 유모차를 끌고 나온 가족들, 연못에서 유유히 떠다니는 오리들을 보며 바쁜 여행에 쉼표를 찍어보자. 28번 전차로 쉽게 갈 수 있다.

🏛 Praça da Estrela, Lisboa

01
02

01 에스트렐라 바실리카. 18세기 마리아 1세의 명령으로 지어진 신고전주의 양식의 성당.

02 에스트렐라 바실리카 맞은편의 공원에 있는 거대한 나무.

01
02
03

굴벤키안 미술관
Museu Calouste Gulbenkian

'Mr. 5퍼센트'라는 별명이 붙을 정도로(한때 포르투갈 돈의 5퍼센트가 그의 것이라고 해서) 성공한 아르메니아 출신 사업가 칼로스트 굴벤키안이 리스보아에 세운 미술관. 유럽 회화와 조각, 중세 필사본과 상아 조각, 중국과 일본의 도자기와 칠보, 페르시아 카펫과 도자기 등 컬렉션의 폭이 넓고 관람 환경도 좋다. 굴벤키안 단지라고 할 수 있는 곳에 미술관, 현대미술관, 정원, 도서관, 콘서트홀, 야외무대, 연못, 카페와 레스토랑 등이 갖춰져 있는 종합 선물세트 같은 곳. 정원과 연못이 관리가 잘 되어 있어서 근처 회사원들이 점심시간에 도시락을 먹으러 오기도 하고, 대학생들은 풀밭에 누워 일광욕을 하고, 동네 어르신들이 남은 빵조각을 들고 오리들을 먹이러 오시기도 하는, 내가 리스보아에서 가장 좋아하는 장소이다. 미술 전문 도서관도 훌륭하고 레스토랑의 음식도 추천할 만하다. 리스보아에서 한가로우면서도 문화적으로도 충족되는 하루를 보내기에 딱 좋은 곳.

🏛 Av. de Berna 45A, Lisboa
🕐 수~월 10:00~18:00
💶 상설전 10유로, 특별전은 홈페이지 참조
🚫 매주 화요일, 1월1일, 부활절, 5월1일, 12월 24, 25일
http://museu.gulbenkian.pt

01 굴벤키안 미술관.

02 칼로스트 굴벤키안 조각상.

03 에두아르 마네, 〈비눗방울 부는 소년〉, 1867년.

프론테이라 저택
Palácio Fronteira

* 113~117쪽 설명 참조.

🏛 Largo de São Domingos de Benfica 1, Lisboa

⊙ 저택+정원 ┃ 언어별로 홈페이지 참조
(저택은 정해진 시간에 가이드와 함께 입장)
정원 ┃ 10:00~~17:00

🌙 매주 토, 일요일, 공휴일

🎟 저택+정원 13유로 ┃ 정원 5유로

www.fronteira-alorna.pt

01
02

비다 포르투게자
A Vida Portuguesa

　포르투갈의 옛 물건을 현대적인 감각으로 재생산해서 파는 가게. '포르투갈의 삶'이라는 가게 이름에 걸맞게 포르투갈의 레트로한 느낌이 물씬 풍기는 상품들을 만날 수 있다. 보르달루 피네이루의 파이안사 그릇과 도자기 인형, 클라우스 포르투 비누, 비아르쿠 연필 등 포르투갈을 대표하는 제품들이 한 곳에 모여 있다.

🏛 본점(시아두) ┃ Rua Anchieta 11 / Rua Ivens 2, Lisboa
인텐덴트 점 ┃ Largo do Intendente Pina Manique 23,
Lisboa
히베이라 점(히베이라 시장) ┃ Av. 24 de Julho 50, Lisboa

www.avidaportuguesa.com

01　비다 포르투게자 본점 내부. 이곳은 원래 지난 세기의 화장품가게였다.

02　비다 포르투게자 인텐덴트점. 아줄레주 공장이었던 곳에 자리를 잡았기 때문에 실내에 공장의 구조가 살아 있기도 하다. 옆 건물은 비우바 라메구 아줄레주 본관이었던 곳.

베르트랑드 서점
Livraria Bertrand

1732년에 세워진 서점으로 포르투갈과 스페인에 50여 개의 점포를 운영하는 서점 체인의 본점. 시아두의 베르트랑드는 현재 운영 중인 서점 중 가장 오래된 서점으로 2010년에 기네스북에 올랐다.

🏛 Rua Garrett 73-75, Lisboa

베르트랑드 서점의 옛 모습과 현재의 모습.

울리세스 장갑
Luvaria Ulisses

1925년에 문을 연 유서 깊은 가게로, 손바닥만 해 보이는 가게에 없는 장갑이 없다. 솜씨 좋은 장인이 만드는 고급 가죽 장갑을 판매한다. 여행 후 부모님 선물용으로 좋다. 아르데코로 꾸며진 가게 외관도 눈여겨볼 것.

🏛 Rua do Carmo 87, Lisboa

01
02

01 아르데코 스타일의 가게 외관. 설립 당시 그대로 유지되고 있다.
02 울리세스에 진열된 장갑들.

산타나 아줄레주
Fábrica Sant'Ana

옛날 방식 그대로 아줄레주를 제작하는 공방 겸 가게로, 1741년에 처음 문을 열었다. 타일뿐만 아니라 가정에서 사용할 수 있는 여러 종류의 아줄레주 제품을 판매한다.

아직도 옛날 방식대로 아줄레주를 제작하는 산타나 아줄레주의 공장.

🏛 쇼룸 | Rua do Alecrim 95, Lisboa
공장/쇼룸 | Calçada da Boa-Hora 96, Lisboa

관광지에서 약간 벗어나 있어 오히려 추천하는,
같은 길에 있는 식당 세 곳

세르베자리아 하미루
Cervejaria Ramiro

세르베자리아는 원래 맥주를 파는 곳이라는 뜻이지만, 포르투갈에서 세르베자리아는 주로 해산물과 맥주를 함께 파는 곳이다.

🏛 Av. Almirante Reis 1, Lisboa

마리스케이라 두 리스
A Marisqueira do Lis

역시 해산물이 주 메뉴. 포르투갈의 게, 가재, 새우, 소라 찜 등은 우리처럼 따끈하게 먹지 않고 차게 식혀서 먹는다. 놀라지 말고 드시길.

🏛 Avenida Almirante Reis 27B, Lisboa

포르투갈리아
Portugália

해산물, 육류와 함께 맥주를 파는 곳. 이 식당은 체인점도 시내에 몇 군데 있다.

🏛 Av. Almirante Reis 117, Lisboa

테주 강변

LX팩토리
LX Factory

테주 강변에 있던 19세기의 섬유 공장을 개조해 만든 서점, 레스토랑, 카페, 옷가게 등이 입점해 있는 일종의 장소 재활용·문화 단지.

🏛 Rua Rodrigues de Faria 103, Lisboa
www.lxfactory.com

01 공장의 모습이 남아 있는 상점.

02 랑도 초콜릿. 심히 개인적인 취향이지만, 이 집의 초콜릿 케이크는 명품이다. 포르투갈에선 드문, 홍대에 있을 법한 카페.

03 LX팩토리에 입점한 '천천히 읽기'라는 뜻의 서점 레르 드바가르 Ler Devagar. 책 판매뿐만 아니라 전시, 출판기념회 등이 열리기도 하고, 카페가 함께 있어서 차를 마시며 책을 읽을 수도 있다. 하늘을 나는 사진 속저 자전거를 직접 만드신 나이 지긋한 어르신이 구경 오는 손님들에게각종 기계들을 안내해주기도 한다. www.lerdevagar.com

01
02 03

동양박물관
Museu do Oriente

2008년에 개관한 박물관으로 중국, 일본, 인도 등의 도자기, 회화, 가구, 섬유 작품 등이 전시되어 있는 곳. 15세기부터 아시아와 교류를 시작한 포르투갈의 영향을 받은 동양의 예술품들을 볼 수 있는 곳이다. 전시뿐만 아니라 현지인들을 대상으로 하는 아시아 문화 관련 수업과 워크숍도 많고, 몇 년 전부터는 한국 문화주간이 이 박물관에서 열린다.

🏛 Av. Brasília, Doca de Alcântara(Norte), Lisboa
🕐 화~일 10:00~18:00 금 10:00~22:00(18:00부터 무료입장)
🎫 6유로
🌙 매주 월요일, 1월 1일, 12월 25일

국립 고대미술관
MNAA Museu Nacional de Arte Antiga

바이샤나 바이후 알투에서 벨렝 방향으로 전차를 타고 가다보면 보이는 높은 언덕에 자리 잡은 노란색 건물의 미술관. 1470년경에 포르투갈 화가 누누 곤살베스Nuno Gonçalves가 그린 상 비센트 다폭화를 놓치지 말 것. 이 외에도 보슈, 뒤러, 크라나흐, 라파엘로 등의 작품을 찾아보자. 미술관 내의 정원 겸 카페테리아에서 보이는 테주 강 풍경도 좋다.

🏛 Rua das Janelas Verdes, Lisboa

누누 곤살베스가 1470~80년경에 그린 여섯 폭짜리 제단화. 원래 상 비센트 드 포라 수도원에 있던 것을 국립 고대미술관으로 옮겨온 것이다. 실존했던 포르투갈인들을 모델 삼아 그린 사실적인 이 초상화는 오랫동안 잊혀졌다가 19세기에서야 발견되었다.

⊙ 10:00~18:00

☾ 월요일, 1월 1일, 부활절, 5월 1일, 6월 13일, 12월 25일

🎫 6유로

www.museudearteantiga.pt

푸드코트와 각종 상점으로 개조된 부분.

히베이라 시장(타임아웃)
Mercado da Ribeira(Timeout)

　1892년부터 있었던 강변의 시장. 신선한 채소와 해물 등을 구입할 수 있다. 2014년부터 시장의 반 정도를 푸드코트처럼 운영하는데, 입점한 레스토랑 중엔 유명한 셰프가 운영하는 곳들도 종종 있어서 이들의 음식을 비교적 저렴한 가격에 먹을 수 있고, 포르투갈의 전통 음식과 음료, 각종 퓨전 음식을 맛볼 수 있다.

🏛 Avenida 24 de Julho 50, Lisboa

룩스
Lux

　테주 강이 보이는 옥상에서 한잔 마실 수 있는 디제이 클럽. 존 말코비치가 이곳의 지분을 갖고 있는 것으로도 유명하다.

🏛 Av. Infante D. Henrique, Armazém A, Lisboa
www.luxfragil.com

국립 아줄레주 박물관
Museu Nacional do Azulejo

✽ 111~112쪽 설명 참조.

🏛 Rua da Madre de Deus 4, Lisboa
🕐 10:00~18:00
🎫 매주 월요일, 1월 1일, 부활절, 5월 1일, 6월 13일, 12월 25일
🎫 5유로
www.museudoazulejo.pt

오세아나리우 드 리스보아(아쿠아리움)
Oceanário de Lisboa

　1998년 리스보아에서 열린 세계 엑스포 당시에 개관한 아쿠아리움. 어류뿐만 아니라 펭귄, 해달, 해조류 등 다양한 바다 생물들을 볼 수 있는 곳.

🏛 Esplanada Dom Carlos I, Lisboa
🕐 10:00~20:00
🎫 22유로(2세 이하 무료, 3~12세 15유로, 65세 이상 17유로)

케이블카
Telecabine Lisboa

　1998년 엑스포 때 단장된 지역인 파르크 다스 나송이스^{Parque das Nações} 지구의 테주 강변을 따라 지나는 케이블 카. 아쿠아리움 근처, 바스코 다 가마 탑(미리아드 호텔) 부근 사이를 운행한다. 현대적인 리스보아의 모습을 볼 수 있다.

🚠 Passeio das Tagides(Estação Norte)—Passeio de Neptuno(Estação Sul)

☉ 봄, 가을 11:00~19:00 | 여름 10:30~20:00 | 겨울 11:00~18:00

🎫 편도 7유로 / 왕복 9유로(2세이하 무료, 3~12세 편도 5유로 / 왕복 6유로)

www.telecabinelisboa.pt

오리엔트 역
Estação do Oriente

　1998년 리스보아 엑스포를 준비하며 만들어진 기차/버스 역. 같은 이름의 지하철역도 이때 개통했다고 한다. 스페인의 건축가 산티아고 칼라트라바가 설계했다. 멀리서 보는 야경이 일품.

🏛 Avenida Dom João II, Lisboa

제로니무스 수도원

Mosteiro dos Jerónimos(Mosteiro de Santa Maria de Belém)

＊ 65~66쪽 설명 참조.

🏛 Praça do Império, Lisboa

🕘 9:30~18:00

☽ 매주 월요일, 1월 1일, 부활절, 5월 1일, 12월 25일

🎟 10유로

www.patrimoniocultural.gov.pt

벨렝 탑

Torre de Belém

＊ 67쪽 설명 참조.

🏛 Torre de Belém, Lisboa

🕘 9:30~18:00

☽ 매주 월요일, 1월 1일, 부활절, 5월 1일, 6월 13일, 12월 25일

🎟 6유로

www.patrimoniocultural.gov.pt

발견 기념탑

Padrão dos Descobrimentos

1940년에 처음 지어졌고, 1960년 항해왕 엔히크 왕자 사망 5백주년 기념으로 재건축된, 포르투갈의 해양사업을 기리는 기념물. 높이 56미

터에, 테주 강과 강변의 리스보아를 볼 수 있는 전망대, 전시실 등이 있다. 탑엔 엔히크 왕자를 비롯하여 아폰수 5세, 인도로 가는 바닷길을 개척한 바스쿠 다 가마, 1500년에 브라질에 도착한 페드루 알바레스 카브랄Pedro Álvares Cabral, 처음으로 아프리카의 남단 희망봉을 지나는 것에 성공한 바르톨로메우 디아스Bartolomeu Dias 등의 모습이 조각되어 있다.

🏛 Avenida Brasília, Lisboa

🕐 3~9월 10:00~19:00 | 10월~2월 10:00~18:00

🚫 1월1일, 5월1일, 12월 24, 25, 31일

🎟 6유로

www.padraodosdescobrimentos.pt

벨렝 문화센터
Centro Cultural de Belém

음악, 미술, 연극 등의 공연, 전시를 볼 수 있는 종합 문화 센터. 서점, 레스토랑, 카페 등과 함께 매달 첫 번째 일요일엔 골동품, 식재료 등을 파는 시장이 열리기도 한다.

🏛 Praça do Império, Lisboa

🕐 월~금 8:00~20:00 토, 일, 공휴일 10:00~18:00

www.ccb.pt

베라르두 컬렉션 미술관
Museu Coleção Berardo

사업가, 은행가이자 컬렉터인 주제 마누엘 호드리게스 베라르두José Manuel Rodrigues Berardo 의 컬렉션을 기반으로 하여 세워진 미술관. 파블로 피카소, 살바도르 달리, 마르셀 뒤샹, 프랜시스 베이컨 등 20세기 현대미술 작품들을 만날 수 있다.

🏛 Praça do Império, Lisboa
☉ 월~일 10:00~19:00
☽ 12월 25일
🎟 5유로
www.museuberardo.pt

마차 박물관
Museu Nacional dos Coches

1905년에 처음 문을 연 왕립 마차박물관이 1911년에 국립박물관으로 변모하고, 2015년에 맞은편의 새로운 건물로 확장하여 이전되었다. 대부분의 중요한 마차들은 새로운 건물로 이동했지만, 구 마차박물관 건물의 프레스코화도 볼 만하다. 필리프 2세(스페인의 펠리페 3세)의 마차부터 시작해서 왕실에서 사용하던 마차, 귀족, 일반인들이 쓰던 마차 등이 전시되어 있다. 17, 18세기의 마차는 마차라기보다는 거의 조각 작품에 가까우며 19세기의 모던한 마차들역시 흥미롭다.

🏛 신관 | Avenida da Índia 136, Lisboa
구 마차박물관 | Praça Afonso de Albuquerque, Lisboa

🕐 화~일 10:00~18:00

🌙 신관 매주 월요일, 구관 매주 화요일, 1월 1일, 부활절, 5월 1일,
6월 13일, 12월 24일, 25일

🎟 신관 + 구관 10유로

01
02

01 새로 확장 이전한 마차박물관.

02 구 마차박물관. 마차와 건물 벽화를 감상할 수 있다.

파스테이스 드 벨렝
Pastéis de Belém

　제로니무스 수도원 옆에 자리 잡은 파스텔 드 나타 전문점. 1837년에 문을 열었다. 파스텔 드 나타는 우리나라에서는 에그 타르트라고 불리지만, 포르투갈어로는 '크림 케이크'라는 뜻이다. 19세기 수도원 개혁 이후 수사들의 레시피로 만들어지기 시작했는데, 현재는 포르투갈의 거의 모든 빵집과 카페 등에서 판매하는 과자가 되었다. 입구에서 보면 작아 보이지만 실내는 아주 넓고, 파스텔 드 나타를 만드는 공장도 유리 뒤로 볼 수 있다.

🏛 Rua Belém 84-92, Lisboa

신트라

리스보아에서 한 시간이 채 걸리지 않는 거리에 자리 잡은 보물상자 같은 도시. 생각보다 볼 만한 곳, 들어가볼 만한 곳이 많으니 여유로운 일정으로 방문할 것을 추천한다. 리스보아 호시우Rossio, 오리엔트Oriente, 엔트레캄푸스Entrecampos 기차역에서 신트라 행 열차 이용(포르투갈 철도 www.cp.pt).

자세한 관광 정보는 도시 홈페이지(https://www.parquesdesintra.pt) 참조.

팔라시우 나시오날의 외관과 내부.

팔라시우 나시오날(신트라 궁)
Palácio Nacional de Sintra

11세기 무어인이 지은 건물에 이후 포르투갈 왕들이 확장, 보수한 뒤 여름에 주로 기거하던 궁전. 수도 리스보아에서 가깝고 여름에 서늘하며, 사냥하기 좋다는 장점이 있었다. 포르투갈에서 가장 오래된 아줄레주가 잘 보존되어 있으니 각 방의 실내장식들을 눈여겨볼 것. 마누엘리노, 무데하르 양식*, 부엌의 거대한 굴뚝 두 개가 인상적인 곳이다.

🏛 Largo Rainha Dona Amélia, Sintra

🕐 9:30~18:30

🎫 10유로

● 이베리아 반도에서 발달한 이슬람풍의 그리스도교 건축양식. 아라베스크 무늬와 말굽형 아치를 볼 수 있다.

01
02
03

헤갈레이라 저택
Quinta da Regaleira

커피와 보석 무역으로 큰돈을 번 거부이자 미술품 수집가인 안토니우 몬테이루^{António Monteiro}가 헤갈레이라 남작의 저택을 구입해 자신의 취향에 맞게 개조한 저택. 20세기 초에 완공된 이 저택은 로마네스크, 고딕, 마누엘리노 양식과 함께 건물주의 특이한 취향이 많이 반영되어 이 집의 대문을 들어서면 마치 딴 세상에 온 것 같은 기분이 든다. 저택 건물뿐만 아니라 마법사가 만들어놓은 미로처럼 꾸며진 정원에서 길을 잃어보는 것도 색다른 경험.

🏛 Quinta da Reglerira, Sintra

⊙ 4월~9월 10:00~19:30 | 10월~3월 10:00~18:30

🎫 10유로

📅 1월1일, 12월 24, 25, 31일

www.regaleira.pt

01 헤갈레이라 저택의 외관.
02 비밀결사조직의 입회식이 이루어지던 우물로 추정되는 곳. 지하로 내려가는 나선형 계단이 우물 끝까지 이어지며, 정원 안의 다른 터널과도 이어진다.
03 헤갈레이라 저택 정원. 마누엘리노 양식의 장식을 곳곳에서 볼 수 있다.

페나 궁/공원
Parque e Palácio Nacional da Pena

16세기에 세워진 제로니모 수도회의 건물을 19세기 페르난두 2세가 구입해 궁전으로 개조, 확장한 곳이다. 19세기 낭만주의 특유의 이국적인 분위기, 네오마누엘리노, 네오고딕, 네오무데하르 양식 등이 섞여 있다. 궁전의 분홍색 벽이 인상적이다. 날씨 좋은 날이라면 궁전에 딸린 공원을 걸으며 삼림욕을 하는 것도 추천할 만하다.

🏛 Estrada da Pena, Sintra
🕐 왕궁 9:30~18:30 | 정원 9:00~19:00
🎫 정원+왕궁 14유로 | 정원 7.5유로
날짜에 따른 자세한 안내는 http://www.parquesdesintra.pt 참고.

01
02

01 페나 궁.

02 돌출된 창에 조각된 트리톤. 상반신은 인간, 하반신은 인어의 모습을 한 물의 신으로 세상의 창조를 상징한다.

무어인의 성
Castelo dos Mouros

10세기 무어인들이 축조한 성. 맑은 날엔 대서양까지 보인다.

🏛 Castelo dos Mouros, Sintra
🕐 9:30~18:30
🎫 8유로
날짜에 따른 자세한 안내는 http://www.parquesdesintra.pt 참고.

피리키타
Piriquita

신트라를 한 바퀴 둘러본 뒤, 부족한 당분을 보충하기에 좋은 제과점 겸 카페. 신트라의 명물인 트라베세이루, 케이자다가 이곳의 대표 과자이다.

트라베세이루는 '베개'라는 뜻인데, 생긴 모양이 베개를 닮아서 붙은 이름이다. 케이자다는 타르트처럼 동그란 모양이다.

🏛 Rua Padarias 1, Sintra

카스카이스^{Cascais}

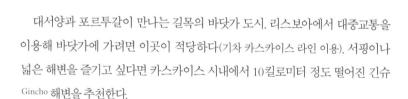

대서양과 포르투갈이 만나는 길목의 바닷가 도시. 리스보아에서 대중교통을 이용해 바닷가에 가려면 이곳이 적당하다(기차 카스카이스 라인 이용). 서핑이나 넓은 해변을 즐기고 싶다면 카스카이스 시내에서 10킬로미터 정도 떨어진 긴슈 Gincho 해변을 추천한다.

파울라 레구 미술관
Casa das Histórias Paula Rego

포르투갈 출신 화가 파울라 레구와 그의 남편 빅터 윌링의 작품이 있는 미술관. 포르투갈 건축가이자 프리츠커 상 수상자인 에두아르두 소투드 모라^{Eduardo Souto de Moura}가 건물을 설계

카스카이스 해변의 '지옥의 입Boca do Inferno'이라 불리는 곳.

했다.

🏛 Avenida da República 300, Cascais

🕐 화~일 10:00~18:00

🎫 5유로

💤 1월 1일, 부활절, 5월 1일, 12월 25일

www.casadashistoriaspaularego.com

호카 곶 Cabo da Roca

유럽 대륙의 가장 서쪽 끝의 땅. 카스카이스 혹은 신트라에서 403번 버스를 타고 갈 수 있다. 한여름에도 대서양 바람이 엄청나기 때문에 바람막이 옷을 준비하는 것이 좋다.

www.scotturb.com

카스카이스, 에스토릴, 호카 곶, 신트라 등을 연결하는 버스 회사 사이트.

알마다 Almada

크리스투 헤이
Santuário de Cristo Rei

리스보아를 비롯한 테주 강 근처 전 지역에서 볼 수 있는 거대한 '그리스도 왕'. 포르투갈이 제2차 세계대전을 피해간 것을 감사하며 지었다고 한다. 날씨가 좋은 날엔 리스보아의 전체 모습을 볼 수 있다. 리스보아의 카이스 두 소드레Cais do Sodré 역에서 배를 타고 카실랴스Cacilhas까지 간 뒤, 버스 101번 탑승. 혹은 테주 강 투어 보트를 이용할 수도 있다.

🏛 Alto do Pragal, Av. Cristo Rei, Almada
⊙ 10:00~19:00
🎫 엘리베이터 6유로
cristorei.pt
테주 강 투어 보트 www.yellowbustours.com

01
02

01 리스보아 몬산투에서 바라본 테주 강과 크리스투 헤이.
02 크리스투 헤이 탑.

01
02

켈루스 궁

18세기 로코코 양식 궁전. 리스보아 대지진 이후 현재 코메르시우 광장에 있던 왕궁이 소실되자, 왕실은 아주다Ajuda에 궁전을 짓고 이주했다. 그러나 1794년에 이곳 역시 화재로 불타면서 여름용 궁전이었던 켈루스 궁전이 왕의 거처가 되었다. 브라간사 왕조의 왕들은 19세기 초 브라질로 피난 가기 전까지 이곳에서 살았다고 한다.

🏛 Largo Palácio de Queluz, Queluz

🕘 왕궁 9:00~18:00 | 정원 9:00~18:30

🎫 10유로

01 켈루스 궁과 정원 조각.
02 정원의 아줄레주.

마프라 Mafra

마프라 수도원/궁전
Palácio Nacional de Mafra

18세기 초, 주앙 5세에 의해 지어진 바로크 식 궁전 겸 수도원. 17세기 말에 발견된 브라질의 금 덕분에 마련된 넉넉한 재원으로 고급 인력과 재원으로 만들어졌다.

🏛 Terreiro Dom João V, Mafra
🕘 9:30~17:30
🎫 6유로
⏰ 매주 화요일, 1월 1일, 부활절, 5월 1일, 12월 25일
www.patrimoniocultural.gov.pt

01
02

01 마프라 궁.
02 마프라 궁 안에 있는 도서관.

세투발 Setúbal 지역

리스보아에서 남쪽으로 약 50킬로미터 떨어진 사두 강변에 자리 잡은 도시. 도시 곳곳에 맛있는 해산물 레스토랑이 많고, 세투발 시내를 약간 벗어나면 아하비다 자연 공원 Parque Natural da Arrábida과 아름다운 해변이 줄지어 있다. 사두 강 어귀엔 돌고래들이 나타나기도 한다. 세투발의 쇼쿠 프리투 Choco Frito(갑오징어 튀김)도 별미다. 세짐브라 Sesimbra는 아파트를 하나 여름 내내 빌려 바닷가 생활을 하는 외지인들이 많을 만큼 한가로운 여름을 지

01
02
03
04

01 아하비다 자연 공원 아래의 해변. 아하비다 안의 자동차 길은 마치 자동차 광고를 찍을 것만 같
    은 멋진 풍경을 지니고 있다.
02 아하비다 자연 공원에서 내려다본 트로이아 해변.
03 에스피쉘 곶의 절벽 밑 바다.
04 세짐브라 해변. 여름 한철을 보내러 오는 외지인들이 많다.

낼 수 있는 마을이다. 대서양 바다의 높은 파도와 차가운 물이 싫다면 트로이아Tróia 해변을 추천한다. 세투발에서 페리를 타고 가면 편하다.

리스보아와 가까운 쪽으로는 널찍한 모래사장과 해안을 따라 나 있는 카페들을 즐길 수 있는 코스타 다 카파리카Costa da Caparica가 있다. 리스보아의 해변이라 불릴 만큼 리스보아 사람들이 많이 찾는 곳. 호카 곶처럼 절벽 아래의 거친 바다를 보고 싶다면 에스피쉘 곶Cabo Espichel, 한가한 해변에서 거친 대서양과 마주하고 싶다면 메쿠Meco 해변도 추천한다. 들리는 것은 거친 파도 소리밖에 없을 만큼 한가한데, 해변의 한쪽 끝은 '자연주의자'(누드로 수영하고 일광욕하는 사람들)의 구역이다. 누드로 바다를 찾는 사람들의 의도는, 한강 수영장에 가기 전에 근육운동을 해서 복근을 뽐내는 것처럼 누군가에게 자기 몸을 보여주기 위해서가 아니다. 자연과 자기 자신 사이에 아무것도 없는 상태에서 자연과의 일체감을 느끼기 위해서다. 그러므로 누드 해변에 와서 누드로 바다를 즐기는 사람들은 다양한 나이의 평범한 몸매의 소유자들이다. 섹시한 미남미녀를 만날 것이라는 기대는 숙소에 놓아두고 갈 것.

바칼료아 저택과 와이너리
Palácio e a Quinta da Bacalhôa

🏛 Estrada Nacional 10, Vila Nogueira de Azeitão, Azeitão
www.bacalhoa.com

15세기의 저택, 15, 16세기의 아줄레주, 잘 정돈된 정원과 연못, 와이너리, 박물관 등을 한곳에서 경험할 수 있는 곳. 이 저택은 15세기엔 포르투갈 왕실의 소유였다가 시간이 흐르면서 여러 번 주인이 바뀌었고, 현재 주인은 미술품 컬렉터로도 널리 알려진 주제 베라르두이다. 바칼료아 와이너리의 본부로 사용되는 곳엔 와인숍과 박물관이 있고, 바칼료아 저택, 정원, 연못이 있는 곳은 예약을 통해 관광객에게 개방된다.

01
02 03

01, 02 바칼료아 저택 앞에 잘 손질된 정원, 연못, 포도밭이 펼쳐져 있다.

03 저택 곳곳에서 15, 16세기의 포르투갈 초기 아줄레주를 만날 수 있다.

포르투와 북부

안투네스

페드루 두스 프랑구스   볼랑 시

소아레스 두스 레이스 국립미술관

카르무 성당/카르멜리타스 성당

렐루 서점

클레리구스 탑   상 벤투 기차역

긴다이스 푸니쿨라

대성당

산타 클라라 성당

긴다이스 푸니쿨라

팔라시우 다 볼사

상 프란시스쿠 성당   히베이라 광장

동 루이스 1세 다리

도루 강

칼렘

산드만

하무스 핀투

카페 마제스틱

상투 일데퐁수 성당

도나 마리아 피아 다리

도시의 이름만큼이나 같은 이름의 술이 알려진 도시, 포르투. 도루 강변 북쪽에 자리 잡은 아담하고 유서 깊은 이곳은 포르투갈 제2의 도시이자 포르투갈이라는 나라의 이름이 유래된 곳이기도 하다.

리스보아 사람들을 '알파시뉴스'(배추들. 밭이 많았기 때문에 붙여진 이름)라고 부르는 반면, 포르투 사람들을 부르는 별명은 '트리페이루스'(내장을 먹는 사람들)이다. 1415년 포르투갈 군대가 북아프리카의 세우타로 원정을 떠날 때, 도시의 모든 고기를 군대에 내놓았다고 한다. 그래서 한참 동안 가축의 내장을 먹으며 연명했기 때문에 포르투인들의 별명이 트리페이루스가 되었다.

도루 강변의 하벨루스ravelos 배*, 포르투 와인, 도루 지역에서 생산되는 와인, 도시 곳곳의 아줄레주, 검소한 외관의 성당 안에 숨겨져 있는 화려한 탈랴 도라다, 세계적인 건축가들의 작품들을 놓치지 말 것.

포르투 관광 홈페이지 www.visitporto.travel

---

* 도루 강변에서 포르투 와인을 실어 나르던 작은 화물선.

도루 강과 하벨루스 배.

히베이라 광장
Praça da Ribeira

도루 강변, 좁은 골목 사이로 옹기종기 서 있는 색색의 건물들, 강물 위의 하벨루스 배, 강 건너의 빌라 노바 드 가이아, 그 사이를 연결해주는 동 루이스 1세 다리 등 포르투의 거의 모든 것을 볼 수 있는 광장. 포르투에 도착하면 이 광장의 벤치나 근처 카페에 앉아서 먼저 내 몸의 주파수를 포르투의 주파수에 맞춘 뒤 여행을 시작하자.

동 루이스 1세 다리.

동 루이스 1세 다리, 도나 마리아 피아 다리
Ponte D. Luís I, Ponte D. Maria Pia

히베이라 광장에서 빌라 노바 드 가이아를 바라보고 있을 때 바로 왼쪽에 보이는 다리가 동 루이스 1세 다리이다. 1886년에 완공됐고 다리 위편으로는 전철이 다닌다. 다리 아래, 위 모두 걸어서 건널 수 있다.

동 루이스 1세 다리에서 강의 상류 방향으로 이어지는 다음다음 다리가 에펠이 설계한 도나 마리아 피아 다리이다. 포르투와 빌라 노

바드 가이아를 잇는 여러 다리 중 가장 먼저인 1877년에 완공되었다.

도나 마리아 피아 다리.

01
02

대성당

Sé

12, 13세기에 건축된 로마네스크 양식의 성당. 14세기에 은으로 만든 산티시무 사크라멘투 소성당은 19세기 나폴레옹의 군대가 침입했을 때 석고로 만든 벽으로 가려놓아 화를 면했다고 한다. 역시 14세기에 지어진 클로이스터는 18세기에 만든 아줄레주로 장식되어 있다. 그 외의 탈랴 도라다, 아줄레주로 만든 벽들을 놓치지 말고 보자. 성당 앞마당에서 보는 포르투 시내 풍경도 볼 만하다.

🏛 Terreiro da Sé, Porto

⊙ 여름 9:00~18:30 | 겨울 9:00~17:30

🎫 3유로

☪ 부활절, 12월 25일

01 포르투 대성당.
02 아줄레주로 장식된 클로이스터.

상 프란시스쿠 성당

Igreja Monumento de S. Francisco de Assis

14세기에 건축된 고딕 양식의 성당. 포르투에 남아 있는 고딕 양식 성당의 드문 예다. 18세기에 탈랴 도라다가 입혀지면서 화려한 면모를 갖추게 되었다. 이 성당 역시 19세기 초 프랑스군이 침입했을 때 군대의 마구간으로 쓰이는 등의 고초를 겪었다. 금박과 여러 색으로 채색된 천장, 벽, 제단들을 꼼꼼히 살펴보고, '이새의 나무' 제단을 눈여겨볼 것.

🏛 **Rua do Infante D. Henrique, Porto**

🕐 11~2월 9:00~17:30 | 3~6월, 10월 9:00~19:00
　　7~9월 9:00~20:00

🎫 7.5유로

☾ 12월 25일

01
02
03

01 성 프란시스쿠 성당의 외관. 바로크 양식의 정문과 고딕 양식의 장미창이 보인다.

02 성 프란시스쿠 성당의 내부. 탈랴 도라다로 화려하게 장식된 제단과 기둥, 천장들.

03 '이새의 나무' 제단. 이새는 구약성서의 인물로 예수의 조상뻘인 사람인데, '이새의 그루터기에서 햇순이 나오고 그 뿌리에서 새싹이 돋아난다'는 이사야서의 내용 덕에 예수의 가계보를 이새에서 시작하는 나무처럼 형상화하는 경우가 많았다.

산타 클라라 성당
Igreja de Santa Clara

규모는 작지만 포르투갈의 탈랴 도라다 양식을 가장 잘 볼 수 있는 성당. 클라라 회 수녀들의 수도원이었던 작은 건물을 15세기에 수도원과 성당으로 확장해 지었다. 현재 우리가 볼 수 있는 정문은 17세기 말의 바로크 양식이고, 내부의 탈랴 도라다는 18세기 전반기의 작품이다. 현재는 수도원의 상당 부분을 경찰서로 사용하고 있기 때문에 성당의 입구를 찾기가 쉽지 않을 수도 있으나, 시간을 내서 찾아보길 권한다.

🏛 Largo 1º de Dezembro, Porto
🕙 9:00~13:00, 14:00~18:00
🌙 공휴일
🎟 4유로

팔라시우 다 볼사 (주식거래소)
Palácio da Bolsa

포르투 상업협회의 본부가 있는 곳. 프란시스코 수도원이 있던 자리에 19, 20세기에 걸쳐 지어졌으며 오랫동안 포르투의 상인들이 회합을 하던 장소였다. 신고전주의 양식의 건물. 실내는 모리스코 양식(그리스도교 국가에서 만들어지던 이슬람 양식)으로 지어진 아랍식 방Salão Árabe, 수도원의 안뜰을 살려 쿠폴라를 덮고 포르투갈이 교역했던 나라의 문장들로 장식한 파티오 다스 나송이스Pátio das Nações 등이 인상적

01　02

이다. 영어, 포르투갈어, 스페인어 등으로 안내
하는 가이드와 함께 입장해야 한다.

🏛　Rua de Ferreira Borges, Porto

🕐　9:00~18:30

01　아랍식 방.

02　파티오 다스 나송이스.

🎫　10유로

www.palaciodabolsa.pt

푸니쿨라를 타고 내려가면 동 루이스 다
리와 도루 강이 보인다.

긴다이스 푸니쿨라
Funicular dos Guindais

　동 루이스 1세 다리에서 바탈랴를 연결하는
푸니쿨라.

🚈　Rua Gustavo Eiffel(Ribeira)—Rua do Augusto
　Rosa(Batalha)

🕐　4~10월 일~목 8:00~22:00 금~토 8:00~24:00
　11월~3월 일~목 8:00~20:00 금~토 8:00~22:00

🎫　편도 3.5유로

바이샤^{Baixa}

클레리구스^{Clérigos}

팔라시우^{Palácio}

보아비스타^{Boavista}

클레리구스 탑
Torre dos Clérigos

18세기 전반에 세워진 바로크 양식의 성당과 탑. 포르투의 얼굴 역할을 하는 탑이다. 높이는 75.6m로 건축된 당시에는 이 도시에서 가장 높은 건물이었다고 한다. 240개의 나선형 계단을 올라가면 탑 꼭대기에서 포르투 시내와 도루 강, 빌라 노바 드 가이아 등의 풍경을 볼 수 있다.

🏛 Rua de S. Filipe de Nery, Porto
🕘 탑+박물관 9:00~19:00
🎟 6유로

카르무 성당 / 카르멜리타스 성당
Igreja do Carmo/Igreja dos Carmelitas

17세기 초반에 건축된 카르멜리타스 성당과 18세기 중반에 건축된 카르무 성당이 마치 하나의 건물처럼 나란히 붙어 있다. 정면에서 봤을 때 왼쪽 편에 위치한, 비교적 육중해 보이는 바로크 양식 건물이 카르멜리타스이고, 오른쪽의 화려하게 장식된 로코코 양식 건물이 카르무 성당이다. 당시 교회법에 의해 두 성당이 붙어 있을 수 없었기 때문에, 가운데 창문 2개와 문이 1개 있는 건물이 끼어 있다. 세상에서 가장 좁은 건축물이라고 한다.

카르무 성당 외부에 장식된 아줄레주는 카르멜 수도회 수사인 시몬 스톡에게 성모 마리아가 발현한 이야기를 표현하고 있다. 1912년 제작된 아줄레주인데, 흰 바탕에 푸른색으로, 넓은 면적에 한 주제를 크게 그리는 1700년대 전반기의 스타일을 따랐다. 20세기 초의 포르투에서는 18세기 초의 양식을 리바이벌하여 제작하는 아줄레주가 크게 유행했었다.

01
02

🏛 Rua do Carmo, Porto

01 카르무 성당 외벽의 아줄레주.

02 카르멜리타스 성당(왼쪽)과 카르무 성당(오른쪽).

상투 일데퐁수 성당
Igreja de Santo Ildefonso

기존에 있던 성당의 폐허 위에 1730년대에 재건축한 곳. 그러나 건물 외벽의 아줄레주는 20세기 초반에 덧붙여졌다. 당시 포르투와 리스보아에서 여러 건물의 아줄레주를 만들었던 조르즈 콜라수Jorge Colaço의 작품이다. 포르투 상 벤투 역의 아줄레주 역시 그의 작품이다. 아줄레주의 내용은 일데퐁수 성인의 일생, 성체 성사의 알레고리 등이다.

🏛 Praça da Batalha, Porto

고딕과 아르누보 양식이 돋보이는 외관.

렐루 서점
Livraria Lello

1906년 주세 렐루, 안토니우 렐루 형제가 서적 제작 겸 판매를 위해 설립한 서점. 유수의 잡지나 신문에서 세계에서 가장 아름다운 서점으로 손꼽는 곳이다. 설립 과정에서 포르투의 중요한 몇몇 서점들이 합쳐지고 새로운 장소에 문을 열었기 때문에 당시 포르투 지식인 사회에 파장을 일으켰다고 한다.

20세기 초에 유행한 네오고딕 양식으로 지어진 건물에서는 고딕 양식의 첨두 아치, 스테인드글라스, 고풍스러운 목재 가구 등을 볼 수 있다. 수많은 관광객이 찾아오는 이곳은 2015년 7월부터 일종의 '선금'을 내고 들어가게

되었다. 5유로의 입장권을 구입해야 하는 대신 서점에서 책을 사면 책값에서 차감하는 식이다.

🏛 Rua das Carmelitas 144, Porto

🕐 9:00~19:00

🌙 1월 1일, 부활절, 5월 1일, 6월 24일, 12월 25일

01 서점의 모노그램이 새겨진 천장의 스테인드글라스.

02 독특한 모양의 계단.

03 고딕, 아르누보 양식의 창문과 천장.

01
02　03

카페 마제스틱
Café Majestic

　1921년, Elite라는 이름으로 문을 연 카페였으나 곧 프랑스풍 분위기를 떠오르게 하는 마제스틱이라는 이름으로 바뀌었다. 당시 정치, 문화, 예술 분야의 유명인들이 자주 찾기도 하고 테르툴리아(문학, 예술 등의 주제에 대해 토론, 대화를 하던 모임)의 장소로 많이 사용되면서 포

아르누보 양식의 카페 입구.

르투 사람들의 문화 중심지가 되었다. 아르누보 양식으로 지어져 고풍스러운 느낌이 물씬 풍기는 이곳도 1960년대엔 문화적 분위기가 침체하는 가운데 문을 닫았다가 1994년에 다시 문을 열게 되었다. 요즘에도 이곳은 카페 겸 레스토랑으로 쓰일 뿐 아니라 시 낭송, 피아노 공연, 회화 전시, 출판 기념회 등이 열리기도 한다. 조앤 롤링이 『해리 포터』의 첫 번째 책을 쓸 때 이 카페에서 종종 글을 썼다고 한다.

🏛 Rua de Santa Catarina 112, Porto

상 벤투 기차역 외관.

상 벤투 기차역
Estação de São Bento

기마라엥스Guimarães, 브라가Braga, 아베이루Aveiro 등 포르투 근교 기차 여행이 시작되는 기차역. 역사의 내부 거의 전체를 덮고 있는 아줄레주는 20세기 초의 아줄레주 장인 조르즈 콜라수가 만든 것이다. 12세기 에가스 모니스와 그의 자녀들●, 1387년에 주앙 1세와 왕비 랭카스터의 필리파가 포르투에 도착하는 장면,

● 에가스 모니스Egas Moniz는 훗날 포르투갈의 첫 번째 왕이 되는 아폰수 엔히케스의 스승이었다. 아폰수 엔히케스가 카스티야와 레온의 왕이자 자신의 사촌인 알폰소 7세에 맞섰을 때, 알폰소 7세의 군대가 당시 포르투갈 백작령의 중심지였던 기마라엥스를 포위하고 압박하기 시작했다. 에가스 모니스는 자신의 제자를 대신해 알폰소 7세에 대한 충성을 맹세했고 기마라엥스는 포위에서 풀려날 수 있었다. 그러나 얼마 뒤 아폰수 엔히케스는 알폰소 7세의 영토인 갈리시아를 침공해 전투에 승리했고 포르투갈 독립에 한 발짝 더 가까이 다가갔다. 그러나 에가스 모니스는 자신의 맹세가 깨진 것에 대한 책임을 지고자, 자녀들과 함께 허름한 옷을 입고, 목에는 줄을 매고, 맨발로 알폰소 7세가 있던 톨레도까지 갔다. 알폰소 7세는 목숨보다 명예를 중요시한 노 현자를 받아들이고 다시 포르투갈 백작령으로 돌려보냈다고 한다.

01
02

1415년의 세우타 점령 등 포르투갈의 역사적 장면들이 표현되어 있다.

🏛 Praça de Almeida Garrett, Porto

01 아줄레주로 장식된 상 벤투 기차역 내부.
02 아폰수 엔히케스의 스승 에가스 모니스와 레온의 알폰소 7세 이야기를 표현한 아줄레주.

볼량 시장
Mercado do Bolhão

　19세기 중반, 포르투 시에서 이 시장 위치에 광장을 만들기 위해 지반 공사를 할 때, 습지였던 이곳의 개울에서 물거품이 많이 일어서 볼량, 즉 큰 물거품이라는 이름이 붙었다고 한다. 20세기 초에 시장 건물이 완공되면서 채소, 생선, 육류, 과일, 꽃 등을 판매하는 포르투를 대표하는 시장이 되었다. 카페와 레스토랑도 있으므로 직접 식재료를 사도 좋고, 들어가 식사를 해도 좋을 듯하다.

🏛 Rua Formosa, Porto

🕐 월~금 8:00~20:00, 토 8:00~18:00 식당가는 24:00까지

01
02

01 볼량 시장 건물.
02 볼량 시장 근처의 식료품점 페롤라 두 볼량.

소아레스 두스 레이스 국립미술관
Museu Nacional de Soares dos Reis

　1833년 페드루 4세에 의해 설립된 포르투갈에서 가장 오래된 공립미술관이다. 1911년 포르투 출신의 조각가 안토니우 소아레스 두스 레이스를 기리며 그의 이름을 따라 미술관 이름이 변경되었다. 소아레스 두스 레이스의 조각뿐만 아니라 포르투갈의 19세기 회화, 동양의 가구와 도자기, 장식미술 등 폭넓은 컬렉션을 보유하고 있다.

🏛 Rua de Dom Manuel II 44, Porto

⊙ 화~일 10:00~18:00

🎟 5유로

🌙 매주 월요일, 1월 1일, 부활절, 5월 1일, 6월 24일, 12월 25일

01 소아레스 두스 레이스, 〈유배〉, 1872. 알렉상드르 에르쿨라노 Alexandre Herculano의 낭만주의 시에 영향을 받아 만든 작품.

02 포르투에서 활동한 화가 아우렐리아 드 소자 Aurelia de Sousa(1866~1922)의 자화상. 1900년경.

03 남만 병풍. 16세기 일본에서 제작된 병풍으로, 포르투갈 상선이 일본에 도착한 모습을 그렸다. 포르투갈인들을 일본식 화법으로 그린 것이 흥미롭다.

01
02　03

크리스탈 궁 정원
Jardins do Palácio de Cristal

01
02

포르투 구시가지에서 보아비스타 지구로 넘어가는 길목에 자리하고 있다. 1865년에 지은 크리스탈 궁을 1951년에 철거한 뒤, 5년 뒤인 1956년에 반구형 스포츠 경기장을 건설했다. 정원의 이름인 '크리스탈 궁'은 예전에 있던 건물 이름에서 유래되었다. 스포츠 경기뿐만 아니라 전시회, 콘서트 등이 열린다. 정원 안의 낭만주의 박물관Museu Romântico에는 19세기 낭만주의 회화, 카펫, 도자기, 은식기, 가구 등이 전시되어 있다. 도루 강이 바라보이는 위치에 고풍스런 분수와 조각상들이 있는 느긋한 공원이다.

🏛 Rua de D. Manuel II, Porto

⊙ 4~9월 8:00~21:00 | 10~3월 8:00~19:00

🎟 무료

01 크리스탈 궁 정원 안의 스포츠 파빌리온.
02 크리스탈 궁 정원에서 보는 도루 강.

카자 다 무지카
Casa da Música

네덜란드 건축가 렘 쿨하스가 설계한 콘서트홀이다. 콘서트에 가지 않더라도 건물 안내 투어를 받아볼 만하다.

카자 다 무지카 외관.

🏛 Avenida da Boavista 604, Porto

⊙ 영어 가이드 8월 11:00, 16:00, 나머지 달 16:00

🎟 10유로

www.casadamusica.com

세할베스 재단 공원

Museu de Serralves / Parque e Jardim da Fundação de Serralves

　훌륭한 현대미술관과 더불어 아름다운 정원과 장미정원, 도서관 등을 두루 갖춘 재단. 포르투 바로 옆 해안 도시 마토시뉴 출신인 건축가 알바루 시자 비에이라Álvaro Siza Vieira가 설계한 곳이다. 프리츠커 상 수상자인 이 건축가는 해외에선 보통 알바로 시자라고 부르는데, 우리나라에도 그의 건축물이 몇 군데 있어 그리 생소한 이름은 아니다. 파주의 '미메시스 아트 뮤지엄', 안양예술공원의 '알바로 시자홀', '아모레퍼시픽 R&D 센터' 등이 그가 설계하거나 참여한 건축물이다.

🏛 Rua D. João de Castro 210, Porto

🕐 4월~9월 월~금 10:00~19:00 토~일 10:00~20:00
　　10월~3월 월~금 10:00~18:00 토~일 10:00~19:00

🎫 통합권 20유로, 미술관 12유로, 공원 12유로

🌙 1월 1일, 12월 25일

01 세할베스 미술관 외관.
02 세할베스 미술관 내부.
03 장미정원.
04 세할베스 재단의 정원. 클래스 올덴버그의 〈플랜토어Plantoir〉가 설치되어 있다. 이 외에도 리처드 세라, 댄 그레이엄 등 현대미술 작가들의 작품을 만날 수 있다.

01
02
03
04

안투네스
Antunes

포르투의 유서깊은 레스토랑 중 하나. 맛있는 와인과 함께 제대로 된 포르투갈 음식을 맛볼 수 있다. 페르닐 아사두(돼지 뒷다리 구이)가 유명하다.

🏛 Rua do Bomjardim 525, Porto

페드루 두스 프랑구스
Pedro dos Frangos

저렴한 가격으로 포르투갈 식 닭구이, 바삭한 감자튀김 등을 먹을 수 있는 곳이다.

🏛 Rua do Bonjardim 223/312, Porto

빌라 노바 드 가이아 Vila Nova de Gaia

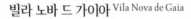

포르투에서 도루 강 건너로 보이는 도시. 강변의 공원에서 보는 포르투의 야경이 일품이다. 가이아는 포르투 와인 저장소로도 널리 알려져 있는데, 도루 강의 상류에서 재배되는 포도로 포도주를 만든 뒤 이곳에서 숙성과정을 거친다. 도루 강변에 위치한 포르투 와인 저장소들은 대부분 관광객에게 가이드 투어를 제공하므로 참가해보는 것도 좋다. 보통 와인 시음이 포함되어 있다.

01
02

01 포르투에서 바라본 가이아.

02 가이아에서 바라본 포르투 야경.

도루 강변의
포르투 와인 저장소들

칼렘
Cálem

🏛 Avenida Diogo Leite 344, Vila Nova de Gaia
www.calem.pt

산드만
Sandeman

🏛 Largo Miguel Bombarda 3, Vila Nova de Gaia
www.sandeman.com

하무스 핀투
Ramos Pinto

🏛 Av. Ramos Pinto 380, Vila Nova de Gaia
www.ramospinto.pt

크로프트
Croft

🏛 Rua Barão de Forrester 412, Vila Nova de Gaia
www.croftport.com

빌라 헤알^{Vila Real}

마테우스 저택
Casa de Mateus

마테우스라는 로제 와인 브랜드로 유명한 와인 제조업체의 문화 재단으로, 마테우스 와이너리의 3대째 주인이 세운 18세기 바로크 양식의 건물이다. 재단의 가이드와 함께 저택 투어를 할 수 있고, 정원, 양조장, 소성당 등을 볼 수 있다.

🏛 Fundação da Casa de Mateus, Vila Real
🕘 9:00~18:30
🎟 저택+소성당+와인저장고 20유로 | 저택+정원 13.5유로 | 정원 10유로
🌙 12월 25일
www.casademateus.com

브라가^{Braga}

포르투갈에서 세 번째로 큰 도시이자 포르투갈의 로마라고 불릴 만큼 여러 성당들(대부분 바로크 양식)을 볼 수 있는 곳. 기원전 1세기에 도시를 세운 로마인들은 이곳을 브라카로^{brácaro}라는 사람들이 산다고 해서 '브라카라 아우구스타^{Bracara Augusta}'로 불렀다. 레온의 테레사, 즉 포르투갈의 첫

번째 왕 아폰수 엔히케스의 어머니가 부르고뉴의 엔히크와 결혼할 때 지참금으로 가져간 도시이기도 하다. 좁은 길이 이어지는 우아하고 오래된 도시지만 미뉴 대학교가 있기 때문에 젊은이들이 찾는 저렴한 음식점, 술집들도 있다. 부활절 행사가 유명하다. 시간을 내서 근교의 봉 제주스를 방문해 볼 것.

대성당
Sé de Braga

포르투갈에서 가장 오래된 대성당. 1070년에 카스티야가 무어인들에게서 브라가를 탈환하면서(포르투갈 건국 전) 세워졌다. 로마네스크 양식 건물에 고딕 양식의 소성당, 마누엘리노 양식으로 된 장식과 브라가의 첫 번째 주교에 대한 내용을 다룬 아줄레주 등을 볼 수 있다. 포르투갈의 첫 번째 왕 아폰수 엔히케스의 부모인 부르고뉴의 엔히크와 레온의 테레사의 무덤이 있다.

🏛 Rua Dom Paio Mendes, Braga
🕗 여름 8:00~19:00 | 겨울 8:00~18:30

봉 제주스 성소
Santuário do Bom Jesus do Monte

산 정상에 십자가가 나타나는 기적이 일어난 자리에 세워진 작은 성소였다가, 몇 번 확장

되어 지금의 모습에 이른 성소. 18세기에 만들어진 '오감五感의 계단'이 압도적이다. 계단을 다 오르기가 힘들다면 1882년에 개통한 푸니쿨라를 이용해도 된다. 마누엘 조아킹 고므스Manuel Joaquim Gomes가 설계한 이 푸니쿨라는 이베리아 반도에서 제일 오래된 것이라고 한다. 브라가 시내에서 택시로 약 10~15유로면 성소 정상까지 갈 수 있다.

🏛 Bom Jesus do Monte, Tenões, Braga

01 오감의 계단.
02 봉 제주스 성소 건물 외관.

01
02

기마라엥스Guimarães

포르투갈의 첫 번째 왕 아폰수 엔히케스가 태어난 도시라고 한다(역사학자에 따라 코임브라 혹은 비제우라고도 함). 그리고 포르투갈 건국에 결정적인 계기가 된 승리 역시 기마라엥스 근처 상 마메드 전투였기 때문에 '포르투갈의 요람'이라는 별명이 붙은 도시이다. 미로 같은 골목들이 있는 구시가지는 고풍스럽고, 2012년에 유럽 문화수도로 선정되었기 때문에 문화적으로도 활기가 넘치는 곳이다. 섬유, 가죽 산업이 발달한 곳이기도 하다.

기마라엥스 성벽에 적혀 있는 'Aqui Naceu Portugal'는 '여기서 포르투갈이 태어났다'는 뜻이다.

01
02

01 상 티아구 광장.
02 올리베이라 광장의 살라두 기념비.

상 티아구 광장/올리베이라 광장
Praça de São Tiago/Largo da Oliveira

　기마라엥스의 구시가지는 2001년 유네스코 문화유산으로 지정되었는데, 그중 가장 중심지라고 할 수 있는 광장. 전승에 따르면 야고보 성인[●]이 성모 마리아를 그린 그림을 가져와서 광장에 있는 한 이교도 신전에 가져다 놓았는데 그때부터 이곳을 상 티아구 광장이라 부른다고 한다.

　올리베이라 성모 성당이 있는 올리베이라 광장에는 살라두 기념비가 있다. 1340년 무어인과 싸운 살라두 전투를 기념하기 위해 아폰수 4세가 세운 것이다. 고딕 양식으로 된 기둥과 지붕이 독특하다. 두 광장은 작은 골목 하나로 이어져 있다.

브라간사 공작 저택.

브라간사 공작 저택
Paço dos Duques de Bragança

　1대 브라간사 공작이자 8대 바르셀루스 백작인 아폰수가 15세기 초에 세운 저택. 아폰수는 아비스 왕조를 시작한 주앙 1세의 서자였고, 주앙 1세를 도와 포르투갈을 지킨 누누 알바레스 페헤이라 장군의 딸과 결혼하기도 했다. 그는 외교적, 개인적인 이유로 유럽을 두루 여행

● 예수의 열두 제자 중 하나로, 서유럽으로 그리스도교를 전파한 사도라고 알려져 있다. 산티아고, 상 티아구 등으로 불리기도 한다.

경사진 지붕과 뾰족한 굴뚝이 독특하다.

했기 때문에, 이 저택엔 다른 포르투갈 건물들에서는 보기 힘든 외국의 요소들이 가미되어 있다. 경사진 지붕과 원뿔형 모양의 첨탑, 길고 뾰족한 굴뚝 등이 그렇다. 그러나 브라간사 공작 가문이 알렌테주의 빌라 비소자로 이사하면서 이 저택은 황폐해졌고, 1930년대 살라자르 시대에 이루어진 복원은 아직도 논란의 소지가 많다고 한다. 현재 저택의 일부는 박물관으로 사용되는데, 17, 18세기의 가구, 회화, 카펫, 무기류 등이 전시되어 있다.

🏛 Rua Conde D. Henrique, Guimarães

🕙 10:00~18:00

🎟 5유로

🌙 1월 1일, 부활절, 5월 1일, 12월 25일

기마라엥스 성
Castelo de Guimarães

10세기에 무마도나 디아스Mumadona Dias 백작부인이 과부가 된 후 수도원을 지었는데 자꾸 무어인의 공격을 받자, 수도원과 수사들을 보호하기 위해 성을 쌓은 것이 기마라엥스 성의 기원이다. 12세기 초, 부르고뉴의 엔히크가 기마라엥스로 오면서 성을 더 넓고 튼튼하게 다시 지었고, 전승에 따르면 이 성 안에서 포르투갈의 첫 번째 왕 아폰수 엔히케스가 태어났다고 한다. 성의 탑은 13, 14세기에 추가되었다. 그러나 도시를 방어하는 기능이 점차 필요 없게 되면서 방치되었다가, 20세기에 복원되어 현재의 모습을 갖추고 있다.

🏛 Caminho do Castelo, Guimarães
🕐 10:00~18:00
🎫 2유로
🌙 1월 1일, 부활절, 5월 1일, 12월 25일

바르셀루스Barcelos

어느새 포르투갈의 상징물처럼 되어버린 바르셀루스의 수탉이 유래한 곳인데, 그 사연인즉 이렇다. 옛날에 한 순례자가 산티아고 데 콤포스텔라로 성지순례를 가고 있었다. 어느 날 바르셀루스에 도착해서 한 주막에 묵었는데, 그곳에서 도둑 누명을 쓰게 되어 교수형에 처해질 위기에 빠졌다. 이에 분개한 순례자는 판사를 찾아갔다. 그는 마침 닭 요리를 먹는 중이었다. 순례자는 "나는 무죄이니, 기적이 일어나 나의 결백을 증명해줄 것이다"라고 말했다. 그러자 판사의 접시에 있던 (요리된) 닭이 살아나 울었다고 한다. 결국 순례자는 누명을 벗고 풀려났다.

01
02

01 바르셀루스의 포르타 노바 광장. 가림벽에도 바르셀루스의 상징인 수탉이 그려져 있다.

02 바르셀루스에서 본 카바두 강. 건너편은 바르셀리뉴스^{Barcelinhos}이다.

발렌사^{Valença}

포르투갈과 스페인의 국경을 이루는 미뉴 강가의 도시. 국경 도시답게 굳건한 성곽으로 둘러싸여 있다. 강 너머는 스페인의 투이.

01
02 03

01 미뉴 강변의 성곽 도시 발렌사.

02 스페인과 연결해주는 미뉴 강 위의 다리.

03 성곽의 문.

폰테 드 리마 Ponte de Lima

스페인의 아스토르가와 포르투갈의 브라가를 연결하는 로마 가도를 짓기 위해, 리마 강 위에 건설된 다리. 다리의 이름이 그대로 도시의 이름이 되었다. 중세 시대에 많이 개축되긴 했지만 아직 로마 시대의 흔적이 남아 있다. 31개의 아치가 있는 다리를 걸어서 건너가보자. 폰테 드 리마는 비뉴 베르드Vinho Verde로 유명하다. 보통 비뉴 베르드는 백포도주로 많이 마시지만, 폰테 드 리마의 비뉴 베르드 틴투는 '황소의 피'라는 별명이 붙을 정도로 피처럼 진한 색의 와인이다.

리마 강 위의 로마 다리.

중부

오비두스 Óbidos

로마제국 시대부터 형성된 이 도시에 무어인들이 성을 쌓았고, 13세기 디니스 왕이 왕비 이사벨에게 결혼 선물로 도시를 선사하면서 19세기까지 포르투갈 왕비들의 도시였던 곳이다. 멀리서부터 보이는 중세식 성 안으로 들어가면 하얗게 칠해진 벽, 소담스럽게 장식된 꽃들, 군데군데 보이는 아줄레주, 바로크 양식의 성당들을 만날 수 있다. 성벽으로 다가가 도시 밖을 보는 전망도 훌륭하다. 12세기에 지어진 성은 포르투갈의 옛 성이나 수도원 등을 고급 호텔로 개조한 '포자다'로 사용된다.

오비두스 관광 www.obidos.pt
포자다 홈페이지 www.pousadas.pt

오비두스 마을 축제

중세 시장 축제
Mercado Medieval de Óbidos

매년 여름에 열리는 중세 축제. 마을 주민들이 중세 시대 복장을 하고 거리를 활보한다. 축제 기간에는 거리를 따라 노점상이 늘어서는데, 수도사 복장을 한 이가 5백 년 전부터 내려오는 레시피로 빵을 굽는가 하면, 거리 곳곳에서 닭과 돼지를 굽는 모습도 볼 수 있다. 해마다 날짜가 조금씩 바뀌니 홈페이지에서 확인해볼 것.

www.mercadomedievalobidos.pt

01

02　03
　　　04

01　오비두스 성.

02　오비두스를 가로지르는 디레이타 거리.

03　오비두스 전경.

04　도시 입구의 아줄레주.

초콜릿 축제
Festival Internacional de Chocolate

매년 봄에 열리는 초콜릿 축제. 초콜릿 잔에 든 진자 술을 마시고, 안주 삼아 초콜릿 잔을 먹는다. 진자는 야생 체리인 진자로 담는 달콤하고 독한 술이다.

www.festivalchocolate.cm-obidos.pt

크리스마스 마을 축제
Óbidos Vila Natal

12월에 열리는 크리스마스 축제. 마을에는 색색의 등이 걸리고, 아이스 링크가 만들어지며, 크리스마스 마켓도 열린다. 이 축제 기간 중에는 세계 각지에서 사람들이 몰려든다. 해마다 날짜가 다르므로 홈페이지에서 확인해볼 것.

http://obidosvilanatal.pt

산타 마리아 성당과 광장.

산타 마리아 성당
Igreja de Santa Maria

서고트 왕국 시절부터 있던 성당이 무어인 시대에는 이슬람 사원이었다가, 1148년 포르투갈의 첫 번째 왕 아폰수 엔히케스가 오비두스를 점령한 이후 다시 가톨릭 성당이 된 곳.

🏛 Praça de Santa Maria, Óbidos

알코바사 Alcobaça

알코바사 수도원
Mosteiro de Alcobaça

* 29~36쪽 설명 참조.

🏛 Mosteiro de Alcobaça, Alcobaça

🕑 4월~9월 9:00~19:00 | 10월~3월 9:00~18:00

🌙 1월 1일, 부활절, 5월 1일, 8월 20일, 12월 25일

🎫 6유로(알코바사, 바탈랴, 토마르 수도원 통합 입장권 15유로)

www.mosteiroalcobaca.pt

바탈랴 Batalha

바탈랴 수도원
Mosteiro da Batalha(Mosteiro de Santa Maria da Vitória)

* 43~45쪽 설명 참조.

🏛 Largo Infante Dom Henrique, Batalha

🕑 4월~10월 15일 9:00~18:30 | 10월 16일~3월 9:00~18:00

🌙 1월 1일, 부활절, 5월 1일, 12월 24일, 25일

🎫 6유로(알코바사, 바탈랴, 토마르 수도원 통합 입장권 15유로)

www.mosteirobatalha.pt

토마르 Tomar

그리스도 수도원
Convento de Cristo, Tomar

✳ 127~129쪽 설명 참조.

🏛 Colina do Castelo, Tomar
☉ 6월~9월 9:00~18:30 | 10월~5월 9:00~17:30
🌙 1월 1일, 부활절, 5월 1일, 12월 24, 25일
🎫 6유로(알코바사, 바탈랴, 토마르 수도원 통합 입장권 15유로)
www.conventocristo.pt

파티마 Fátima

　　1917년 루시아, 자신타, 프란시스쿠라는 목동 셋에게 성모 마리아가 발현한 기적으로 인해 전 세계 가톨릭 신자들의 발길이 끊이지 않는 마을.

✳ 178~182쪽 설명 참조.

파티마 성소
Santuário de Nossa Senhora de Fátima

　　성모 마리아가 발현한 자리에 세운 소성당 Capelinha das Aparições, 세 목동의 무덤이 있는 로사리오의 성모 바실리카 Basílica de Nossa Senhora

do Rosário, 그리고 2007년에 세워진 삼위일체 바실리카Basílica da Santíssima Trindade 등을 방문해 보자. 알바루 시자 비에이라가 디자인한 아줄레주, 무너진 베를린 장벽의 일부도 볼 수 있다.

01　03
02

01 로사리오의 성모 바실리카.
02 성모 발현 소성당.
03 삼위일체 바실리카.

🏛 Santuário de Nossa Senhora de Fátima, Fátima
🚌 리스보아에서 가는 방법: 세트 히오스Sete Rios 역에서 시외버스 운행. 대략 1시간 30분 정도 소요
www.citiexpress.eu
www.rede-expressos.pt

산타렝Santarém

산타렝의 포르타스 두 솔.

포르타스 두 솔
Portas do Sol

테주 강을 내려다보는 포르타스 두 솔에 서 보면, 이 도시가 얼마나 전략적으로 중요한 자리였는지 알 수 있다. 1147년 아폰수 엔히케스가 산타렝을 점령하고 난 뒤 같은 해에 리스보

아 탈환에 성공한 것은 우연이 아니다. 과거 산타렝을 보호하던 성곽이 지금은 훌륭한 공원이자 전망대가 되었다.

🏛 Jardim das Portas do Sol, Santarém

포르타스 두 솔에서 바라본 테주 강. 스페인에서부터 흘러온 이 강은 산타렝을 지나 리스보아에 도달한다.

산타 마리아 마르빌라 성당
Igreja de Santa Maria de Marvila

12세기에 지어진 성당. 겉으로는 소박해 보이지만 실내엔 아름다운 아줄레주가 장식되어 있다. 마누엘리노 양식의 문도 놓치지 말 것.

🏛 Largo de Marvila, Santarém

산타 마리아 그라사 성당
Igreja Santa Maria da Graça

14, 15세기에 지어진 고딕 양식 성당. 1500년에 브라질에 도달한 페드루 알바레스 카브랄 Pedro Álvares Cabral 의 무덤이 있는 곳이다.

🏛 Largo Pedro Álvares Cabral, Santarém

코임브라 Coimbra

포르투갈 건국 초기, 기마라엥스 다음으로 포르투갈의 수도였던 곳. 13세기에 세워진 코임브라 대학이 자리 잡고 있다. 어학연수를 오는 한국 학생들이 가장 많은 곳이기도 하다. 오래된 도시의 매력과 대학도시의 에너지, 도시를 지나는 몬데구 강 등 여러 매력이 있는 곳.

코임브라 대학교
Universidade de Coimbra

1290년 디니스 왕에 의해 설립된, 유럽의 오래된 대학교들 중 하나. 처음엔 리스보아에 설립되었다가 16세기에 완전히 코임브라에 자리 잡게 되었다. 현재 우리가 보는 건물들은 대부분 16~18세기에 지어진 것이다. 특히 18세기에 주앙 5세에 의해 건립된 도서관은 7만 권의 고서를 보유하고 있을 뿐만 아니라 아름다운 프레스코화 천장, 장미목과 에보니(흑단)로 만들어진 책상과 서가, 금박으로 장식된 조각들이 압도적인 곳이다.

🏛 Largo Porta Férrea, Universidade de Coimbra, Coimbra

🕐 3월~10월 9:00~19:30 | 11월~2월 9:00~13:00
　　14:00~17:00

🎫 주아니나 도서관, 상 미겔 소성당, 왕궁, 박물관 등 12.5유로
　　도서관과 소성당 제외한 입장권 7유로로

🌙 1월 1일, 5월 5일, 12월 24일, 25일, 대학교 행사일

01
02

01　코임브라 대학교.
02　코임브라 대학교 도서관.

코임브라의 구 대성당과 로마네스크 기둥 장식.

구 대성당

Sé Velha

　포르투갈의 첫 번째 왕 아폰수 엔히케스의 명으로 건축이 시작되어 13세기에 완공된 대성당. 육중해 보이는 로마네스크 양식에, 제단이나 클로이스터 같은 부분에는 고딕 양식도 보인다. 15, 16세기의 아줄레주로 포장된 부분도 있고, 마누엘리노 양식, 건물 외부의 장식 부분에서는 아랍의 영향도 엿볼 수 있다.

　1758년, 당시 왕 주제 1세를 암살하려는 시도가 있었다. 그리고 대귀족이었던 타보라 Távora 가문의 일원들이 주범으로 몰렸다.● 당시 코임브라 대성당의 주교 역시 타보라 가문의 친척이었기 때문에 재판도 없이 감옥에 갇혀 9년을 보냈다고 한다. 그 후 대성당으로서의 역할은 사그라들었고, 대성당의 주교좌는 예수회가 사용하던 건물로 옮겨졌다.

🏛 Largo Sé Velha, Coimbra

🕐 월~금 10:00~17:30 토 10:00~18:30 일 11:00~17:00

🎫 2.5유로

● 당시 타보라 가문의 남자들은 사형당하고 여자들은 수도원에 갇혔다. 타보라 가문의 문장을 사용하거나 이름을 사용하는 것도 금지되었다. 이 과정에서 타보라 가문을 사지로 몰고 갔던 것은 훗날 폼발 후작이 되는, 소귀족 출신으로 왕의 총애를 받던 세바스티앙 주제 드 카르발류 이 멜루 Sebastião José de Carvalho e Melo였다. 타보라 가문은 다음 왕인 마리아 1세 때 복권되지만, 예전의 기세등등하던 시절로 돌아가진 못했다. 타보라 가문의 주제 1세 암살 기도 여부에 대해서는 논쟁이 있지만, 폼발 후작이 타보라 가문이라는 정적을 내치고자 했던 것은 분명해 보인다.

신 대성당
Sé Nova

신 대성당이라고 불리긴 하지만 건축된 지 4백 년이 넘은 바로크 양식의 성당이다. 1541년에 포르투갈에 들어온 예수회가 성당의 주인이었다. 그러나 폼발 후작에 의해 1759년에 예수회가 추방되면서 이 성당이 비게 되었고, 코임브라 주교좌가 옮겨 오면서 새로운 대성당이 되었다.

🏛 Largo da Sé Nova, Coimbra
🕐 월~토 9:00~18:30 일 10:00~12:30
🎫 1유로

마샤두 드 카스트루 국립박물관
Museu Nacional de Machado de Castro

18, 19세기에 활동한 코임브라 출신 조각가 마샤두 드 카스트루의 이름을 딴 국립박물관. 리스보아의 코메르시우 광장의 주제 1세 기마상이 그의 작품이다. 조각, 회화, 도자기, 태피스트리, 보석, 가구 등의 다양한 컬렉션을 갖추고 있다.

🏛 Largo Doutor José Rodrigues, Coimbra

🕐 10:00~18:00

🎫 6유로

🌙 매주 월요일, 1월 1일, 부활절, 5월 1일, 7월 4일, 12월 25일

www.museumachadocastro.gov.pt

킨타 다스 라그리마스 안의 눈물의 샘.

킨타 다스 라그리마스(눈물의 정원)
Quinta das Lágrimas

페드루 1세와 이네스의 비극적인 사랑 이야기에서 이네스가 살해당했다고 일컬어지는 곳. 현재 이곳의 건물은 호텔로 사용되지만 정원은 입장 가능하다.

🏛 Hotel Quinta das Lágrimas – Rua António Augusto Gonçalves, Coimbra

🕐 10:00~19:00

🎫 2.5유로

🌙 매주 월요일

www.quintadaslagrimas.pt

산타 크루스 성당/판테옹 나시오날
Igreja de Santa Cruz/Panteão Nacional

12세기 전반에 지어진 로마네스크 양식의 성당. 포르투갈의 첫 번째와 두 번째 왕인 아폰수 엔히케스와 상슈 1세의 무덤이 있다.

🏛 Praça 8 de Maio, Coimbra

🕐 월~토 11:30~16:30 일 14:00~17:00

🎫 클로이스터/성구실은 3유로

시립 미술관(에디피시우 시아두)
Museu Municipal(Edificio Chiado)

1910년에 지어진 철골 구조의 건물에 텔루 드 모라이스Telo de Morais 컬렉션이 자리 잡은 코임브라 시립 미술관. 의사이자 미술 애호가였던 텔루 드 모라이스 부부가 수집품을 기증하면서 시립 미술관의 뼈대가 마련되었다. 포르투갈의 19, 20세기 회화, 도자기, 조각, 가구 등을 볼 수 있는 곳이다.

🏛 Rua Ferreira Borges 85, Coimbra
⊙ 화~금 10:00~18:00 토, 일 10:00~13:00, 14:00~18:00
🎫 1,8유로
☾ 월요일, 공휴일

아베이루Aveiro

넓고 잔잔한 강 하구와 운하, 수많은 새들이 함께하는 도시 아베이루. 도시의 이름에 새ave라는 단어가 들어갈 정도로 옛날부터 새들이 많이 날아들던 곳이었다. 16세기, 아베이루를 지나는 보가 강과 대서양이 만나는 곳의 지형이 변하면서 큰 배가 지나다닐 수 없게 되어 도시가 쇠퇴하는 듯했으나, 19세기에 운하 공사를 하면서 다시 항구로서의 역할을 하게 되었다. 도시 안의 운하를 지나는 관광용 배도 있고, 강 하구로 나가 배를 타고 돌아볼 수도 있다.

아베이루의 운하와 배.

아르누보 미술관

Museu Arte Nova(Casa de chá)

　아르누보 건물에 찻집과 미술관이 함께 있는
곳. 차와 함께 아베이루의 전통 과자인 오부스
몰레스를 먹어볼 것을 추천한다.

🏛 Rua Dr. Barbosa Magalhães 9-11, Aveiro

🕙 화~목 9:30~2:00 금, 토 10:00~15:00
　일 10:00~21:00

아베이루 미술관

Museu de Aveiro

산타 주아나의 묘.

　15세기에 세워진 콘벤투 드 제주스Convento
de Jesus 수녀원 건물이 현재는 박물관이 되었다.
수녀원에서 오랜 시간을 보냈고 훗날 복자(성인
이 되기 전 단계)가 된 주아나 공주 때문에 산타
주아나 박물관이라고도 불린다. 아프리카로 포
르투갈의 세력을 확장해서 '아프리카누'라는
별명을 얻은 아폰수 5세의 딸 주아나는 스스로
수녀로서의 삶을 원했기 때문에 결혼하지 않고
수녀원에서 살았으나(보통 대부분의 왕비나 공주
들은 과부가 된 후 수녀원에 들어가곤 했다) 왕위를
계승할 가능성이 있다는 이유로 공식적인 수녀
가 되진 못했다. 영국과 프랑스의 왕자들과 혼
담이 오갔으나 거절했고, 결국 수도원에서 생을

마감했다. 수도원이었던 곳이 박물관으로 사용되고 있으며, 아줄레주와 탈랴 도라다가 있는 수도원 성당 역시 관람할 수 있다.

🏛 Avenida Santa Joana, Aveiro
🕐 여름 10:00~19:00 | 겨울 10:00~18:00
🎫 4유로
🌙 매주 월요일

피오당Piódão

아소르 산맥Serra da Açor 기슭에 자리 잡은 산동네. 프레제피우(성가족과 동방박사, 동물과 목동 등이 등장하는 크리스마스 장식) 마을이라는 별명이 있을 정도로 푸른 칠을 한 창틀, 판석으로 만든 집들이 가파른 언덕에 장난감처럼 배치되어 있다. 가장 포르투갈스러운 포르투갈 마을로 알려진 곳.

비제우^{Viseu}

전설에 따르면 루시타니아의 리더 비리아투스가 이곳에서 태어났다고
한다. 2007년과 2012년의 조사에서 포르투갈에서 가장 삶의 질이 높은 곳
으로 선정되기도 했다.

에미디우 나바후 대로^{Avenida Emídio Navarro}에 있는 옛 성벽의 카발레이루
스 문^{Porta dos Cavaleiros}을 보고 길을 따라 내려가다가 상 마테우스 시장 광장
^{Largo da Feira de S. Mateus}에서부터 대성당 쪽으로 올라오는 아센소르(푸니쿨라)
를 타볼 것. 옛 성벽 문의 형태가 그대로 남아 있는 소아르 문^{Porda do Soar}과

아줄레주로 둘러싸인 호시우Rossio 광장도 멋지다. 대성당, 그랑 바스쿠 미술관, 미제리코르디아 성당이 한 광장에 자리 잡고 있다.

01　03
02　04

01 비제우 옛 성곽의 소아르 문.
02 도시의 언덕을 오르는 아센소르.
03 비제우 옛 성곽의 카발레이루 문.
04 대성당 맞은편의 미제리코르디아 성당.

대성당
Sé de Viseu

🏛 Adro da Sé, Viseu

🕐 월~금 8:00~12:00, 14:00~19:00
　　토~일 9:00~12:00, 14:00~19:00

🎟 2.5유로

왼쪽이 그랑 바스쿠 미술관이고, 중앙에
보이는 건물이 대성당이다.

그랑 바스쿠 미술관
Museu de Grão Vasco

　위대한 바스쿠, 즉 그랑 바스쿠라고 불리던
비제우 출신 바스쿠 페르난데스Vasco Fernandes의
미술관. 플랑드르 지역의 영향을 받은 르네상
스 화가로, 그의 작품 대부분은 이 미술관에 소
장되어 있다.

〈마르타의 집에 있는 예수〉, 바스쿠 페르
난데스, 1535년.

🏛 Adro Sé, Viseu

🕐 화~일 10:00~13:00, 14:00~18:00

🎟 4유로

🌙 매주 월요일, 1월 1일, 부활절, 5월 1일, 9월 21일, 12월 25일

에스트렐라 산맥Serra da Estrela

　에스트렐라 산맥 국립공원은 포르투갈에서 가장 먼저 지정된 자연보호 구역이자 가장 넓은 국립공원이기도 하다. 포르투갈에서 (거의) 유일하게 눈을 볼 수 있는 곳이고, 유일한 스키장이 있는 곳이기도 하다. 산맥에선 양과 염소를 많이 기르는데, 치즈 산업이 제일 비중이 높지만 최근엔 이곳의 양모로 자연친화적인 모직물을 만드는 움직임도 일고 있다. 산맥이 지나가는 마을 중 세이아Seia에서 생산되는 치즈가 유명하다. 이곳의 거친 날씨 때문에 겨울이면 양과 양치기들은 무려 4백 킬로미터나 떨어진 알렌테주 지방의 세르파Serpa라는 곳까지 내려가는데, 세르파의 치즈 역시 매우 품질이 좋은 것으로 알려져 있다. 같은 양에서 얻은 젖으로 만드는 치즈지만, 양젖을 생산할 때의 기후가 다르고 양들이 먹는 풀이 다르기 때문에 맛과 향이 다르다.

　포르투갈의 토종 개로 널리 알려진 견종인 '세라 다 에스트렐라'의 원산지다. 양을 모는 것을 돕는, 목동의 친구이자 동료인 셈인데, 덩치는 크지만 순하고 영리하고 충성심이 깊은 것으로 유명하다. 에스트렐라 국립공원 근처에서 묵고 싶다면 고베이아Gouveia, 과르다Guarda, 코빌량Covilhão, 세이아 Seia 중에서 선택하면 될 것이다.

01
02 03

01 세라 다 에스트렐라. 포르투갈에서 드물게 눈을 볼 수 있는 곳.

02 세라 다 에스트렐라 견종. 충실한 목양견이다.

03 에스트렐라 산맥을 지나는 국도를 가던 중 만난 염소들. 포르투갈엔 우리에 가두지 않고 기르는 가축들이 많다. 소, 염소, 양 등은 들판을 한가로이 거닐며(지나가는 차들의 진행도 방해해가면서) 풀을 뜯으며 산다.

남부와 대서양

아소레스 제도, 마데이라 제도

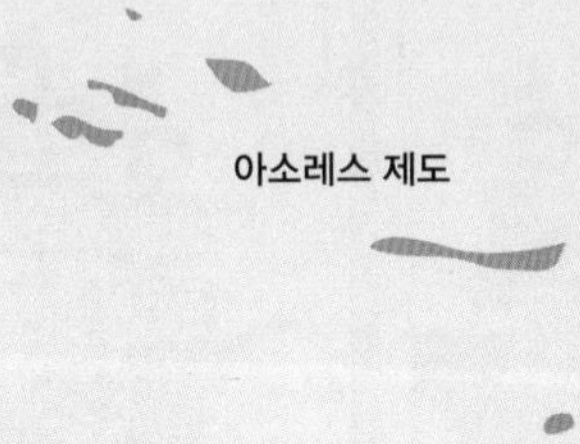

아소레스 제도

포르투갈

스페인

리스보아

알렌테주

세비야

알가르브

리바트

마데이라 제도

모로코

카나리아 제도

'포르투갈다움'을 농축한 다음에 몇 덩이로 잘라 듬성듬성 흩어놓은 곳이 알렌테주 지방일 것 같다. 넓게 펼쳐진 포도나무 밭, 국도로 몇 킬로미터를 달려도 사람 하나 보기 힘든 건조한 내륙 지방, 그 땅에서 꿋꿋이 자라고 있는 코르크와 올리브 나무들, 그 그늘에서 풀을 뜯고 있는 방목하는 소들, 점차 마을이 가까워짐을 알려주는 전봇대나 버려진 건물의 굴뚝에 집을 짓는 황새들(황새들은 도시에서는 물론 인적이 없는 숲이나 벌판에서도 살지 않는 것 같다), 그리고 갑자기 등장하는 오래된 도시. 그 도시 안의 흰색 집들, 그늘진 카페 안에서 두런두런 카드놀이를 하며 술을 마시는 노인들. 알렌테주는 음식을 거하고 묵직하게 먹는 것으로 유명하다. 포르투갈에서 가장 많이 소비되는 와인인 알렌테주 와인을 곁들여서. 리스보아 근교의 해안처럼 붐비지도 않고, 알가르브 지방처럼 휴양지 느낌이 나는 것도 아닌 알렌테주의 해변도 가볼 만하다.

www.visitalentejo.pt

알렌테주 지방 국도를 달리다보면 쉽게 만날 수 있는 황새와 둥지.

알렌테주 지방의 코르크나무. 대략 7년에 한 번 정도 나무껍질을 벗겨낸다. 포르투갈은 전 세계 코르크의 50퍼센트 이상을 생산하며, 그중 상당 부분이 알렌테주 지방에서 생산된다.
코르크나무 뒤로는 포도밭이 보이고, 그 뒤로는 올리브나무가 보인다. 코르크, 와인, 올리브오일은 알렌테주 지방의 주요 생산품이다.

로마 시대에는 에보라 리베랄리타스 율리아Ebora Liberalitas Iulia라는 율리우스 카이사르를 기리는 이름으로 불리던 도시. 로마 군대가 주둔하면서부터 도시가 번영하기 시작했고 로마 사원, 로마 시대의 성벽 등이 아직도 남아 있다. 아비스 왕조를 시작한 주앙 1세가 왕의 두 번째 도시로 삼았고 아폰수 5세는 주요 군대를 에보라에 주둔시켰을 정도로 15, 16세기에 번영했으나, 포르투갈이 스페인에 합병되어 독립을 잃으면서부터 쇠락해갔다. 그러나 역설적으로 이러한 정황이 구시가지가 옛날 모습을 거의 그대로 유지하게 된 이유가 되었다. 도시를 둘러싼 성곽, 수도교, 로마 시대의 사원, 크기는 그리 크지 않지만 화려한 실내를 가진 성당들, 아줄레주를 간직하고 있는 수도원 등 에보라는 도시 전체가 박물관 같은 곳이다. 1986년에 구시가지 전체가 유네스코 세계 문화유산으로 지정되었다.

대성당
Sé de Évora

포르투갈의 두 번째 왕 산슈 1세 시대에 지어진 대성당. 리스보아의 대성당처럼 이곳 역시 대성당이 있기 전엔 이슬람 사원이 있었을 것이다. 13세기 초에 완공되어 로마네스크에서 고딕 양식으로 가는 변천기의 모습을 보여준다. 1497년에 인도로 가는 바스쿠 다 가마 함대의 깃발이 이곳에서 축복받았다고 한다.

01
02

01 에보라 성곽.

02 에보라 로마 사원. 그 뒤의 흰 건물이 에보라 박물관이다. 그 너머엔 대성당의 첨탑이 보인다.

🏛 Largo do Marquês de Marialva, Évora

🕐 9:00~12:00 / 14:00~16:30

🎟 성당과 클로이스터 2.5유로

로마 사원(디아나 신전)
Templo Romano

✱ 21쪽 설명 참조.

🏛 Largo do Conde de Vila Flor, Évora

에보라 박물관
Museu de Évora

　대성당 바로 옆, 예전에 대주교가 사용하던 건물을 개조해 박물관으로 만든 곳. 16세기 아줄레주, 플랑드르 출신 화가의 제단화 등이 잘 보존되어 있다.

🏛 Largo do Conde de Vila Flor, Évora

🕐 화~일 9:30~17:30

🎟 3유로

에보라 대성당의 제단화, 14~15세기.

상 프란시스쿠 성당 안에 있는 뼈의 소성당.

상 프란시스쿠 성당(뼈의 소성당)

Igreja de S. Francisco(Capela dos Ossos)

프란시스코 수도회 성당. 항해 시대와 관련된 그리스도 기사단의 상징들이 곳곳에 보인다. 그러나 이 성당에서 가장 유명한 곳은 뼈의 소성당이다. 원래 수도사들의 숙소였던 자리에 죽은 수사들의 뼈로 소성당을 장식했다. 메멘토 모리, 죽음을 기억하라는 메시지가 다음과 같은 문구로 남겨져 있다. "우리 뼈들은 여기 있다. 당신들을 기다리며."

🏛 Praça 1º de Maio, Évora
🕐 여름 9:00~18:30 겨울 9:00~17:00
🎫 5유로
☪ 1월 1일, 부활절, 12월 25일

01
02

01 에보라의 수도교.

02 지랄두 광장의 분수.

아구아 드 프라타 수도교

Aqueduto da Água de Prata

1537년에 완공된 18킬로미터가 넘는 길이의 수도교. 주앙 3세의 건축가이자 리스보아의 벨렝 탑을 설계한 프란시스쿠 드 아후다Francisco de Arruda가 만들었다. 에보라의 대표 광장인 지랄두 광장Praça do Giraldo의 분수를 비롯해 여러 개의 분수가 이 수도교에서 공급받는 물로 작동한다.

🏛 Rua do Cano, Évora

브라간사 공작 저택

Paço Ducal de Vila Viçosa

브라간사 공작 가문의 저택으로, 16세기 초에 건축되었다. 이 후 브라간사 공작 주앙이 1640년에 포르투갈의 왕으로 추대되면서, 이 공작 저택은 왕실의 별장처럼 사용되었다. 포르투갈의 마지막 왕가이기도 한 브라간사 가문의 왕정이 1910년에 끝나고 공화정이 시작되면서, 이 건물 역시 거의 버려져 있다시피 하다가, 박물관으로 개방되기에 이르렀다. 개별적인 관람은 불가능하고, 가이드와 함께 입장해야 한다.

🏛 Terreiro do Paço, Vila Viçosa

⊙ 6월~9월 화 14:00~18:00 수~일 10:00~13:00, 14:00~18:00
10월~5월 화 14:00~17:00 수~일 10:00-13:00, 14:00~17:00

💶 7유로

www.fcbraganca.pt/paco/paco.htm

저택 앞 중앙에는 주앙 4세의 기마상이 서 있고, 오른쪽에는 왕실 예배당의 탑이 보인다.

메르톨라 성당

Igreja Matriz de Mértola

　이슬람 사원이었던 건물을 13세기에 성당으로 개조했다. 대부분의 성당들이 직사각형 혹은 라틴십자가형인 것에 비해 메르톨라 성당은 정사각형 모양이라는 점, 말발굽 아치, 야자수 같이 생긴 실내의 기둥 등이 이슬람 건축의 영향을 보여준다.

＊ 24~25쪽 설명 참조.

🏛　Rua da Igreja, Mértola

01
02

01　메르톨라 성당 외관.
02　메르톨라 성당 내부.
03　멀리 중세 성이 보이는 메르톨라 전경.

03

알가르브 지방

8세기 초 무어인들이 이베리아 반도로 들어온 이후, 알가르브 지역은 4백 년 넘게 무어인의 땅이었다. 당시 알가르브의 이름은 '알가르브 알안달루스al-Gharb al-Andalus'였는데, 아랍어로 안달루스의 서쪽이라는 뜻이다(현재 스페인의 남쪽 지방의 이름 안달루시아도 안달루스에서 유래되었다). 12세기 말, 산슈 1세가 실브스Silves를 점령하면서 재정복 운동에 박차를 가했으나 얼마 지나지 않아 다시 무어인의 손에 들어가게 된다. 그러고 나서 포르투갈이 완전히 알가르브를 점령하기까지는 50년이 넘는 시간이 필요했다. 그 후 1249년 아폰수 3세가 파루Faro를 정복하면서 알가르브가 완전히 포르투갈의 영토가 되었고 현재 포르투갈 국경의 모습이 갖춰졌다. 그리고 이때부터 포르투갈 왕들은 '포르투갈과 알가르브의 왕'이라는 칭호를 갖게 되었다.

현재 알가르브, 특히 남쪽 해안 지역은 춥지 않은 겨울과 긴 여름으로 인해 관광객으로 늘 북적이는 곳이다. 특히 영국을 비롯한 추운 유럽 국가들에서 휴양 여행을 오는 사람들이 많다. 알가르브 해안 지역을 다니다보면 조그만 마을에서도 영국이나 독일 등의 일간지를 쉽게 접할 수 있을 정도다.

알가르브의 주도인 파루는 국제공항을 갖추고 있어 이동하기가 쉽고, 알가르브의 어느 지역으로도 가기가 편리하다. 리아 포르모자 국립공원Parque Natural da Ria Formosa의 석호 해안은 포르투갈에서 보기 드문 모습의 바닷가다. 성곽에 둘러싸인 구시가지가 멋진 라구스Lagos에서 돌고래를 보는 투어도 해보고 밤엔 클럽에 가보는 것도 좋겠다. 포르티망Portimão, 올량Olhão, 타비라Tavira 모두 조용한 중심지에 고요한 바다, 친절한 현지인들이 있는 마을들이다. 빌라 헤알 드 상투 안토니우Vila Real de Santo António에서 아름다운 과디아나 강변(개인적으로 이베리아 반도에서 가장 아름다운 강이라고 생각한다)을 산책하는 것도 좋다. 과디아나 강을 건너면 스페인이다. 알가르브 서쪽 해안은 확실히 관광지화가 덜 되어서 알렌테주의 해안 같은 자연 그대로의 느낌이 드는 바다와 만날 수 있다. 내륙 마을 중에서는 붉은빛이 도는 성곽에 둘러싸인 마을 실브스Silves를 추천한다.

www.visitalgarve.pt

01
02

01 파루 대성당에서 내려다본 리아 포르모자.

02 타비라의 길랑Gilão 강. 바다와 만나기 바로 전 하구.

01 실브스Silves 성곽.

02 알가르브 지역의 특징인 흰 벽에 파란 창문을 가진 집들.

03 빌라 헤알 상투 안토니우Vila Real de Santo António.

04 과디아나 강을 가로지르는 옛 철교.

01
02 03
04

아프리카 해안에서 7백 킬로미터 정도, 리스보아에서는 남서쪽으로 9백 킬로미터 정도 떨어진 곳에 자리 잡은 대서양의 제도. 마데이라 섬과 포르투 산투 섬, 그리고 몇 개의 무인도로 이루어져 있다.

포르투갈인들이 마데이라 제도에 도착한 것은 1418년이었다. 물론 그 전에도 이 제도가 존재한다는 것은 알려져 있었다. 그러나 포르투갈인들은 무인도인 이곳이 지정학적으로 매우 중요하다는 것을 간파했다. 15세기 중반 주앙 1세와 그의 아들 엔히크 왕자의 주도하에 포르투갈인들이 이 섬에 와서 살기 시작했고, 땅을 개간하고 농사를 짓기 시작했다. 또한 대서양을 지나는 포르투갈 뱃사람들에게 매우 중요한 보급지이자 휴식처가 되기도 했다. 마데이라 섬에 사탕수수를 가져와 재배하기 시작하면서 설탕 무역을 하는 상인들이 많이 드나들게 되었고, 노동력이 많이 필요한 산업이었기 때문에 노예들도 많이 유입되었다. 그러나 사탕수수 재배가 16세기 이후엔 주로 브라질이나 상토메 프린시페 같은 다른 식민지에서 행해지면서, 마데이라의 주 생산품은 포도가 되었다. 지금도 세계적으로 많이 알려진 마데이라 와인의 역사는 꽤 길다. 일반 테이블 와인도 생산되지만, 보통 '마데이라 와인'이라고 불리는 것은 도수 17~22도 사이의 강화 와인이다.

마데이라 제도는 20세기에 들어 관광으로 엄청난 발전을 이루었다. 온화한 날씨와 더불어 화산 지형의 독특함, 바다 관광, 열대 과일 등이 관광객들을 끌어들인다. 또한 섬만이 갖고 있는 특이한 문화도 매혹적이다. 두 섬 중 큰 섬인 마데이라 섬의 지형은 고도가 매우 높은 산지가 대부분이다. 따라서 섬을 한 바퀴 도는 순환도로엔 터널이 많고 해변 역시 모래사장이 거의 없는, 절벽으로 이루어진 바닷가가 많다. 여러 하이킹 코스가 있으니 적당

01
02　03

01　푼샬 시청과 시청 광장
02　마데이라의 전통 가옥.
03　마데이라의 해안 도로 터널.

한 신발이 있다면 가보자. 숙소나 대부분의 편의시설은 마데이라 섬의 수도
인 푼샬Funchal에 있다. 넓은 모래사장이 있는 해변은 작은 섬인 포르투 산
투 섬에 있다.

대성당
Sé do Funchal

16세기 초에 지어진 대성당. 실내의 아름다
운 천장 장식을 꼭 볼 것.

🏛 Rua do Aljube, Funchal
🕘 9:00~11:00 16:00~17:45

01
02

01 푼샬 대성당.
02 푼샬 대성당의 목조 천장.

왼쪽에 보이는 흰 건물.

종교미술관
Museu de Arte Sacra

17세기 주교관에 세워진 미술관. 플랑드르
회화와 포르투갈 회화가 컬렉션의 주를 이루고
조각, 금속공예 등도 볼 수 있다.

🏛 Rua do Bispo 21, Funchal
🕘 화~토 10:00~12:30, 14:30~18:00 일 10:00~13:00
🎫 3유로
☾ 매주 월요일

라브라도레스 시장
Mercado dos Lavradores

    각종 열대 과일과 마데이라 특산품을 파는 시장.

🏛 Largo dos Lavradores, Funchal

⊙ 월~목 8:00~19:00 금 7:00~2:00 토 7:00~14:00

☾ 일요일과 공휴일

풍살의 언덕길을 내려가는 광주리 차.

카호스 드 세스토(광주리 차)
Carros de cesto do Monte, Funchal

    마데이라 섬의 수도 푼샬엔 가파른 언덕길이 많은데, 이 지형을 이용해 1850년대부터 생겼다는 특이한 교통수단. 2킬로미터 정도 되는 내리막길을 큰 광주리처럼 생긴 탈것을 타고 내려온다. 이 광주리 차를 끌어주고 운전해주는 사람들은 특별 제작된 밑창이 두꺼운 신발을 신고 있어서 몸으로 속도와 방향을 조절한다. 대략 10분 정도 소요.

🏛 출발점: Caminho do Monte, 몬트 성모마리아 성당Igreja Nossa Senhora do Monte을 찾아가자.

⊙ 월~토 9:00~18:00

🎟 1인 25유로, 2인 30유로, 3인 45유로

☾ 매주 일요일, 12월 25일

장.
래를 보는 관광지로 변모하고 있다.

01
02

크리스티아누 호날두 박물관
Museu CR7

아마도 현재 세계에서 가장 유명한 포르투 갈인인 축구선수 크리스티아누 호날두의 고향이 바로 마데이라이다. 박물관에는 그에 대한 자료와 사진, 영상, 밀랍 모형 등이 전시되어 있다.

🏛 Rua Princesa D. Amélia 10, Funchal
⊙ 월~토 10:00~18:00
☾ 매주 일요일, 12월 25일
🎫 5유로

박물관 개장과 함께 선보인 크리스티아 누 호날두 동상.

카자 다스 무다스 미술 센터
Centro das Artes Casa das Mudas

미스 반 데어 로에 상을 받은 건축가 파울루 다비드가 설계한 현대미술관. 미술관 뜰에서 보는 전망도 일품이다.

🏛 Estrada Simão Gonçalves da Câmara 37, Calheta
⊙ 화~일 10:00~13:00, 14:00~18:00
☾ 매주 월요일
🎫 5유로

01 카자 다스 무다스의 외관.
02 카자 다스 무다스에서 내려다본 마데이라 풍경.

01
02

대서양에 자리 잡은 아홉 개의 섬들로 이루어진 제도. 리스보아에서 비행기로 2시간이 넘는 여행을 해야 한다. 언제부터 아소레스의 존재에 대해 알고 있었는지는 불분명하지만, 15세기에 포르투갈인들이 아소레스를 오가고 정착하기 시작했다는 것은 확실하다. 유럽 대륙에서 아메리카로 가는 길에 있는 섬이라는 지리적인 중요성 때문에 포르투갈은 적극적으로 사람들을 이주시키고 성곽을 세우고, 땅을 개간해서 농사를 짓고, 교회들을 지었다. 15세기부터 현재까지 아소레스는 군사적, 전략적으로 중요한 곳이다. 또한 15, 16세기 유럽의 종교적인 소용돌이 속에서 유대인들이 이주해 오기도 하고, 플랑드르 출신 상인들이 정착하기도 했다.

아홉 개의 섬들이 모두 화산섬이기 때문에 유럽 대륙에서 보기 힘든 독특한 지형을 가지고 있고 바람이 많은 기후 때문에 경작할 수 있는 식물들도 색다르다. 처음에 이곳의 경제를 활성화시킨 것은 축산업(지금도 아소레스의 쇠고기는 좋은 품질로 유명하다)과 푸른색 물감을 만드는 재료인 파스텔(대청)이라는 식물 경작과 수출이었다. 그리고 현재는 차와 담배를 재배하는 곳이 많다.

아홉 개의 섬 중 가장 큰 섬인 상 미겔São Miguel 섬의 폰타 델가다Ponta Delgada 시가 아소레스의 가장 중심지라고 할 수 있다. 아소레스의 다른 섬에 가려고 해도 일단 폰타 델가다에 내린 뒤 다른 비행기를 타거나 배를 타야 한다. 화산 활동으로 생긴 독특한 지형들을 볼 수 있는 곳도 많다. 칼데라 호수, 화산 동굴, 화산 온천 등을 직접 보고 체험할 수 있다. 또한 피쿠Pico 섬의 피쿠 산 역시 화산 활동으로 만들어졌는데, 해발 2,351미터로 포르투갈 영토에서 가장 높은 산이다.

01 폰타 델가다의 곤살루 벨류Gonçalo Velho 곤

02 과거 고래잡이가 흥했던 항구는 이제 고

현재 ○

다이빙 〕

을 하기〔

기도 하囗

들이 남〕

계를 잇〕

던지, 고〕

넋을 기〕

항구들〔

다시 활〕

03 오르타 섬 항구.

04 대서양 항해 중 오르타 항구에 남겨놓은 흔적들. 요트의 이름, 연도, 사람들의 이름, 자신들을 상징하는 각종
그림들을 그려놓았다.

03
04

01 상 미겔 섬의 푸르나스Furnas 화산 지역. 땅속의 열기를 이용해서 음식을 익혀 먹기도 한다.

02 피쿠 섬의 포도밭. 바람과 파도에 토양이 쓸려 내려가지 않도록 돌담을 쌓아 포도나무와 무화과나무를 재배하는 방식은 유네스코 자연유산으로 지정되었다. 제주도의 돌담길 같기도 하다.

03 아소레스의 칼데라 지형. 칼데라는 냄비라는 뜻이다.

04 피쿠 섬의 화산 동굴 그루타 다스 토헤스Gruta das Torres. 가이드와 함께 들어가서 화산 활동으로 생긴 지형을 직접 볼 수 있다.

05 포르투갈 영토에서 가장 높은 피쿠 산.

01   03
02   04
      05

포르투갈 떠나기 혹은
눌러앉기

결국 이 책을 준비하면서 포르투갈을 더 좋아하게 됐다. 처음 한국을 떠날 때 내가 선택한 나라도, 내가 선택한 도시도 아니었다는 점 때문에 난 나도 모르게 팔짱을 끼고 이 나라를 보고 있었다. 내가 선택한 것은 포르투갈 남자이지 포르투갈이 아니었는데, 하는 마음이었다. 익숙하지 않은 언어의 음색, 써놓은 대로 읽지 않는 단어들이 마음에 안 들었다. 작은 규모의 도시 생활은 답답했다. 리스보아를 복잡하다고 생각하는 포르투갈 사람들이 들으면 놀랄 이야기지만 내 눈에 리스보아는 시골 같아 보였다. 다시금 나는 대도시 체질이라는 것을 확인했다.

내색은 안 했지만 나의 이런 마음을 눈치챈 것인지, 카를로스는 나를 유난히도 이리저리 데리고 다녔다. 지난 4년 동안 난 포르투갈 곳곳을 다녔다. 이 책에 소개한 도시들과, 이 책에 소개 못한 도시와 시골 마을들을 여행했다. 좋다는 곳을 가고 맛있다는 것을 먹었다. 그러는 동안 느낀 점은, 포르투갈에 대해 나는 정말 무지하며, 심지어 포르투갈인들도 스스로의 나라에 대해 잘 모른다는 것이었다.

그러던 중 모요사 출판사로부터 연락을 받았다. 최소 5년은 산 뒤에 쓸 계획이었던 포르투갈에 대한 책을 쓰기로 했다. 포르투갈에 오래 산 외국인들이 쓴 책들을 읽고, 포르투갈인들이 스스로에 대해 쓴 책을 읽었다. 그리고 어느 정도 윤곽이 그려지기 시작했을 때 포르투갈에 대해 글을 쓰기 시작했다. 원고를 마무리하면서 다시 확인한 것은, 나는 아직도 이 나라에 대해 모르는 것이 많다는 점이다. 포르투갈에 대해 알아가는 것은 아직도 내게 진행형이다. 그 마침표를 언제 찍게 될지 모르겠다. 더불어 내가 한국에 대해 얼마나 알고 있는가 하는 의문도 든다.

포르투갈에 대한 나의 소개가, 이 나라에 대해 관심 있는 사람들의 호기심을 충족시켰으면 좋겠다. 여행 계획을 세울 때 포르투갈을 가보고 싶은 나라의 목록에 추가하면 좋겠다. 카를로스가 자기 나라를 내게 소개해줄 때의 마음을 이제 어렴풋이 알 것도 같다.

내가 한 일이 온전히 내 힘만으로 이룬 것이 아님을 알고 있다. 사랑받고 자란 것, 사랑받고 사는 것이 꼭 내가 사랑스럽기만 해서 그런 것이 아니라는 것도 안다. 이 책을 준비하기 시작한 때와, 내가 스스로 기성세대가 되었다는 것을 인지하게 된 때가 같다. 그래서 작년 4월 16일을 잊지 않으려 노력한다. 오래된 벗들이 멀리서도 내 곁에 있다는 것이 고맙다. 새로운 친구들이 내게 미소 지어주는 것도 고맙다. 포르투갈에서, 우주에서 내가 제일 예쁘다고 해주는 짝이 있어서 난 정말 내가 그런 줄 착각하고 산다. 어두운 과거에도 불구하고 훌륭한 성품을 가진 개와 살고 있다. 착한 눈으로 나를 바라보고, 여우처럼 큰 꼬리를 흔들어주면 난 세상에서 가장 행복한 영장류가 된다. 한국의 부모님과 오빠네 가족이 나를 자랑스럽게 생각하는 것을 난 자랑스럽게 생각한다. 포르투갈의 가족들은 나를 편하게 그들의 가족으로 받아들여주었다. 나의 가족과 친구들에게 따뜻한 베이지뉴^{beijinhos}, 입맞춤을 보낸다.

2015년 테주 강이 보이는 집에서
최경화

리커버 에디션에 부쳐

『포르투갈, 시간이 머무는 곳』이 출간된 지 4년이 훌쩍 넘었다. 한국과 포르투갈의 변화하는 속도를 비교하자면 초고속열차와 고요한 강 위의 유람선이겠지만 이 나라도 그동안 꽤 변했다.

리스보아와 포르투를 찾는 여행자들은 눈에 띄게 늘었고 낡은 건물은 그들을 위한 숙소로 바뀌었다. 반짝거리는 기념품 가게가 조금 늘었다. 아쉽다. 포르투갈 전통 과자뿐만 아니라 예쁜 케이크를 파는 가게도 늘었다. 이건 좋다. 한국인이 많이 찾는 물건은 가격이 꽤 오르기도 했다. 어디나 장사꾼은 있다. 아직도 포르투갈 커피와 와인은 저렴하고 맛있다. 다행이다.

따뜻한 햇볕, 대서양의 거대한 파도, 한여름에도 서늘한 바람은 그대로다. 언뜻 무뚝뚝해 보이지만 순박하고 친절한 사람들도, 눈이 부시게 빛을 반사하는 칼사다, 도시 어디서나 볼 수 있는 반반한 아줄레주도 그대로다. 화려하진 않아도 깊은 복도 안에 시간의 아름다움을 간직한 궁과 저택들도 여전히 우리를 기다린다. 변치 않는 포르투갈의 속살을 만져보고자 하는 이들에게 이 책이 계속 도움이 되길. 다섯 살 먹은 책의 옷을 멋지게 갈아입혀준 모요사 출판사에 감사드린다.

2020년 2월 여전히 포르투갈에서
최경화

포르투갈,
시간이 머무는 곳

ⓒ 최경화, 2020

초판 1쇄 발행 2015년 11월 25일
개정판 1쇄 발행 2020년 2월 28일
개정판 3쇄 발행 2024년 6월 4일

지은이	최경화
펴낸이	김철식
펴낸곳	모요사
출판등록	2009년 3월 11일
	(제410-2008-000077호)
주소	10209 경기도 고양시 일산서구
	가좌3로 45, 203동 1801호
전화	031 915 6777
팩스	031 5171 3011
이메일	mojosa7@gmail.com
ISBN	978-89-97066-52-0 03980